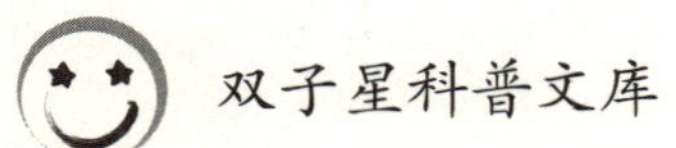

水不知道答案

[日] 左卷健男◎著
李　红◎译
王　红◎校订

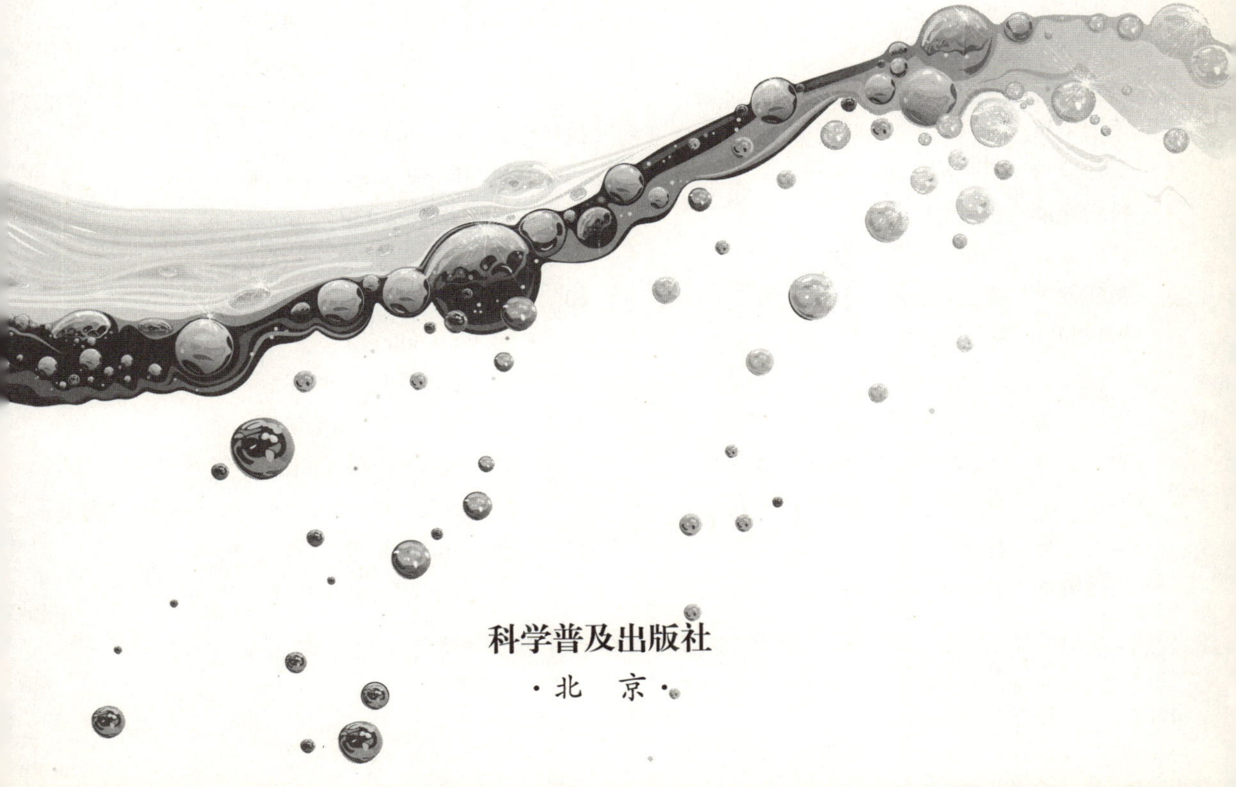

科学普及出版社
·北　京·

图书在版编目（CIP）数据

水不知道答案 /（日）左卷健男著；李红译. —北京：科学普及出版社，2017.1
ISBN 978-7-110-08729-9

Ⅰ. ①水… Ⅱ. ①左… ②李… Ⅲ. ①水－研究 Ⅳ. ① P33

中国版本图书馆 CIP 数据核字（2014）第 177373 号

水はなんにも知らないよ　左巻健男
"MIZU WA NANNIMO SHIRANAIYO" by Takeo Samaki

Original Japanese edition published by Discover 21, Inc., Tokyo, Japan
Simplified Chinese edition is published by arrangement with Discover 21, Inc.

著作权合同登记号：01-2013-6265

策划编辑　郑洪炜
责任编辑　李　洁　刘　今
特约审读　金维克
封面设计　八度出版服务机构
责任校对　凌红霞
责任印制　张建农

出　　版　科学普及出版社
发　　行　中国科学技术出版社发行部
地　　址　北京市海淀区中关村南大街 16 号
邮　　编　100081
发行电话　010-63583170
投稿电话　010-63581070
网　　址　http://www.cspbooks.com.cn
开　　本　787mm × 960mm　1/16
字　　数　100 千字
印　　张　5.75
印　　数　1—5000 册
版　　次　2017 年 1 月第 1 版
印　　次　2017 年 1 月第 1 次印刷
印　　刷　北京凯鑫彩色印刷有限公司
书　　号　ISBN 978-7-110-08729-9/P・160
定　　价　18.00 元

（凡购买本社图书，如有缺页、倒页、脱页者，本社发行部负责调换）

序言

水能理解人的语言
而形成美丽的结晶吗？

一位将来很想成为小学教员的学生，有一天对我说了这样的话："老师，最近我读了一本登载着水的结晶照片的书。水理解了人的语言后还能形成美丽的结晶或杂乱无章的结晶呢！"

我非常吃惊，这位女学生将来有希望成为优秀的小学教员，而她却也相信这种书的内容。

她说的书是指《来自水的信息》[①]《水知道答案》[②]等收录有水结晶的书籍。除此以外，其作者江本胜还著有其他几本书，他还被称为"波动第一人"。

那么，先让我们来看看《来自水的信息》中都写了些什么吧。这本书中登载了各种各样的水的结晶的照片，但让人惊讶的是他的关于水能够理解语言的观点。他说，把写着"谢谢""浑蛋"的纸条贴在盛着水的容器对面，然后把水冻起来。结果，对着"谢谢"纸条的水，冻结成的结晶呈对称的美丽六角形；对着"浑蛋"纸条的水，却没能形成结晶，或者即使形成结晶，其形状也是杂乱无章的。

持有这样荒唐主张的书籍，我原想不久就会遭到世人的无视而被淡忘。但是，出人意料，《来自水的信息》《水知道答案》等书竟卖出了几十万册。

《来自水的信息》是这类书中出版的第一本，号称"世界第一部水结成的冰结晶摄影集"。实际上，这本书是作为推销各种各样"波动"商品的一环，由江本等人自费出版的。江本等人的"波动"商品的营销手段就是应用

---

①由日本波动教育出版社出版。

②由日本Sunmark出版社出版。

“波动测定器”进行类似诊疗的波动咨询，以贩卖可复制“好的波动”的波动水（所谓的“波动共振水”）等。这些不但在喜欢超自然臆想的人群中流行，而且还渗透到了教育系统中。

对这些书，开始我只报以不屑一顾、任其自生自灭的态度，但渐渐感到这样下去不行了。

伪科学正在社会上蔓延

对于这本书，但凡有些科学判断力的人，都会对“水可以理解人的语言”之类的无稽之谈笑破了肚皮，但是它的发行数量却在不断增长，相信它的人也在不断出现，而且他们都认为“因为这是经过实验拍的照片，所以它是科学的”。

但是，这正是伪科学的一个代表。伪科学就是貌似科学，但不是科学的东西。也就是说，它用的是科学名词，制造一个貌似科学的氛围，但是它终究不是真正的科学。

在学校的教员中，有人认为，水可以理解好的语言和不好的语言。而人身体的60%～70%是由水组成的，因此，对人说“好”的语言和“不好”的语言的时候，人的身体是有感应的，因此它是可以用在教学当中的。在道德课等授课中，教员一边给孩子们展示《来自水的信息》一书中的照片，一边说“所以，我们不要用不好的、不文明的语言”，类似这样的授课渐渐在教学中蔓延开来。

像这样引用伪科学来进行道德教育的后果，就是已经出现了相信“水能够理解语言和人的心情”的孩子。实际上，授课的教员也像孩子一样相信这个说法。如果相信这个说法的教员再怀着很大的热情向孩子们传授，就会产生很多相信“科学上似是而非”的观点的孩子。

让孩子们相信伪科学的教育如果继续被推行下去，就会进一步破坏正确理科教育的基础。日本成人的科学素养很弱的现状，现在已经成为问题，如果再这样下去，科学素养会变得更加低弱，问题会变得更加严重。

利用“制造出貌似科学的氛围”进行商业活动的商人们

算得上伪科学代表的“波动”商品，就是那些所谓“可以复制对身体有益波动的波动水、可以产生有益波动”的锗元素腕环、项链以及与EM菌[①]有关联的商品等。

宣称可生成发出“负离子”的商品与宣称可产生“波动”的商品是类似的。宣称能产生所谓“负离子”的空调等家电真的曾流行一时。但是，这个“负离子”到底是什么还没有搞清楚，并且“负离子”是否真的对身体健康有益也没有被明确证明。相反，还存在是否会产生臭氧等有害物质的疑问。

有些读物从科学的角度对“负离子”的说法进行了批驳，但认真阅读这些读物的人很少。虽然类似“负离子是个好东西”的言论在市井间的流行已经消退，但这些言论仍被商家滥用着。和伪科学“波动说”相同，他们制造出一个“似乎产生类似放射线的东西、对身体好”的貌似科学的氛围。

科学素养（literacy）的必要性

科学界都在呼吁科学素养的必要性。“literacy”这个词的原意是读写能力，科学素养由这个意思引申为“对应该掌握的科学知识的理解能力”。这个词是1989年《面向全体美国人的科学》（*Science For All Americans*）[②]出版后才被世人所接受的。书中这样写道：

> 科学的认知和解读能力（即我们所说的科学素养）关联到自然科学和社会科学，尤其和数学和科学技术相关联。但是，它们各自的侧重面不同。它具有广泛的内涵，包括：
>
> 熟悉自然界，尊重自然界的统一性；
>
> 懂得科学、数学和技术相互依赖的一些重要方法；
>
> 了解科学的重大概念和原理；
>
> 有科学思维的能力；

---

①EM为effective microorganism的缩写，指有益微生物。——译者注

②《面向全体美国人的科学》中译本由科学普及出版社于2001年出版。——编者注

认识到科学、数学和技术是人类共同的事业，认识它们的长处和局限性；

能够运用科学知识和思维方法处理个人或是社会问题。

在美国，科学素养之所以成为关注的问题，是因为绝大多数人这方面能力不足，由此美国政府产生了危机意识。

事实上，日本和美国一样，成人科学素养不足的问题也很严重。2001年，文部科学省科学技术政策研究所的调查显示，日本成人对科学技术的理解度在日本、欧盟、美国等17个国家中处于第13位。而且，在“对科学技术的兴趣和关心”这一项上排名最后。

但是，日本的成年人却都认为科学技术很重要。这就形成了对具体的科学知识不清楚，对貌似具有科学性和真正具有科学性事物的辨别能力很低弱的现状。结果，人们虽认为科学技术很重要，但对与科学技术相关的

政策却不加疑问地接受。也就是说，接受把自己的税金用于科学技术，但是对科学技术自身并不感兴趣，并不关心，也缺乏科学知识。这就是日本成年人的现状。

谈到这里再来看看日本的教育。目前，特别是理科教育存在着大问题。要具备科学的认知力，无疑需要精选知识并且系统地加以学习。而且不光要把这些知识装进脑子，还要动手实践，亲身感受科学。同时，有意识地设置一些能将科学知识活学活用的场所，并且让它与生活和生产关联起来，这都是非常必要的。

在这里让我们看看理科教育的现状。本应掌握的基础性知识存在欠缺，学生倾向于学习一些零碎的、非系统的和日常生活无关的知识。结果，考试过后，几乎所有所学的又都被忘得精光。

但是，大多数人都已认识到“科学知识很重要”。这时，伪科学就登场了。即使是和科学无关的、理论上也解释不通的主张，只要在科学的氛围中貌似科学，就会令有些人很轻易地相信。

很快，即使实际上没有科学根据，也用不着故作神秘来逃避读者的鉴别，只要用科学术语伪装得貌似科学就能使读者相信。这样的伪科学能够蔓延开来是因为人们对科学的信任感被利用了。

我作为用正规的理科教育和环境教育对成人进行科学素养培育的专业工作者，对伪科学蔓延的现状很是担忧，正在和有志之士一起开展类似“揭穿伪科学论坛”的活动。这本书也是这个活动的一个环节。

伪科学为什么会成为问题？

即使是可怀疑的商品，为了实现销售，商人们也会利用一些具有某某博士、某某大学教授头衔的人写推荐信等手段，拼命进行推销。不仅如此，还把“病治好了”等体验以及貌似科学的解释添加进去，宣称其产品有利于健康，能治好病，对所推销商品的功效进行大肆宣扬。

所谓的“感想体会”，有些是某些作家故意创作的，即使是真实的感想体会中说到的“病治好了”，它到底是不是因为吃了某种商品或是用了某种商品，也是没有研究清楚的。在证明这些商品有效果时，也必须使用二重盲检法等科学方法进行评价。

幸运的是，带有欺骗性的伪科学的商品说明和推销语言都使用一些共通的词语。聪明的消费者只要知道这些，就会感觉到“很奇怪，不可信”。

伪科学共通的词语一般有“波动”“共振”“分子簇”“负离子”“能量”“活性”等。这些词语在科学领域也是被使用的，但是伪科学把这些词语变味使用了。这些带着科学意义的词语的滥用，对那些缺少科学知识或对

科学知识理解肤浅的人群产生很大效果。在消费者面前，与水有关的怪异的商品各自带着科学的色彩，蜂拥而至，迎面扑来。

相信伪科学的人不但自己被绑架式地购买了高价的伪科学商品，是伪科学的受害者，而且还向周围的人介绍和推荐，无意中也成了伪科学的帮凶。自己或子女被疾病困扰的人被这些巧言所迷惑而购买了这些商品，现实中，很多伪科学的商品在出售着，用伪科学进行貌似诊疗的行为在进行着。

在本书中，笔者在现阶段科技水平的大背景下，特别对有关水的伪科学进行了彻底的探讨，并对日常生活中有关水的作用和它的安全性及人们最好要具备的有关水的知识进行了归纳总结。

水是生命之源，地球上的其他任何事物都无法替代它的作用。关于水已有各种各样的探讨，本书从科学的角度出发，和读者一起思考如何与水共息共存。

目录

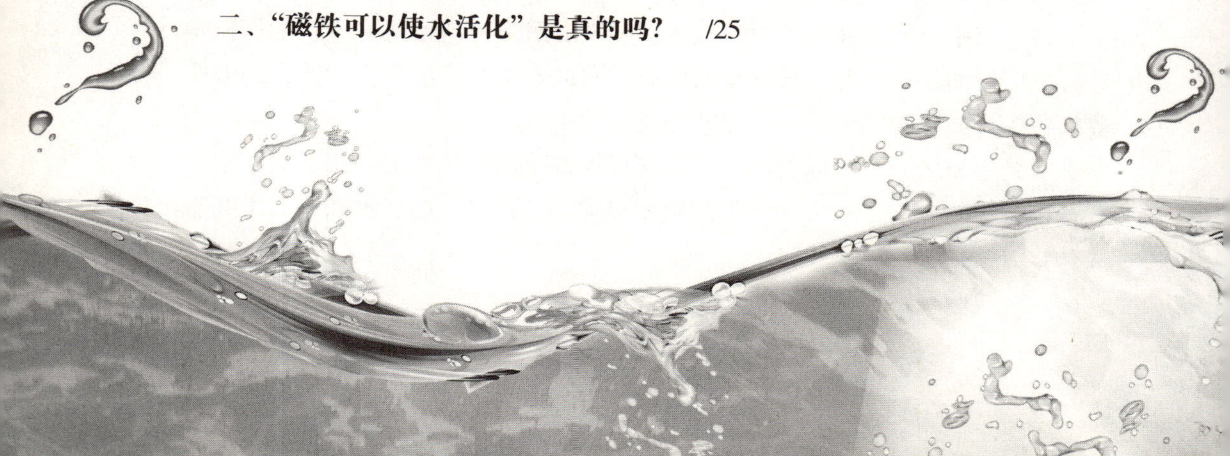

第三章　我们的身体与水

第四章　好喝的水到底是什么样的水？

第五章　自来水与矿泉水

结语

验证：真像书中所说的“水知道答案”吗？

第一章

一、《水知道答案》是怎样的一本书?

在这里我们先将《水知道答案》这本书的主要内容介绍一下，作者江本宣称在此书中讲述了“水让我们明白的神秘事情”和他“过去十几年间一直在学习的波动论”。《水知道答案》序及每章内容简述如下。

1. 序

在贫困遍布的世界里，众生芸芸都在为幸福而奔忙，人人都在寻找能拯救世界的答案，它既简单而又起决定作用。从物质的角度看，人体就是水。如果想健康幸福地度过一生，只要把人体70%的水净化干净就可以了。《水知道答案》的作者遇到了能把信息传递给水的仪器，这种被加载了某种信息的水能使患者恢复健康，并且这一独特疗法已付诸实施。

“雪之结晶，没有任何两片相同”这句话在作者头脑中盘旋萦绕，于是将水冷冻后观察它的结晶。结果发现：听了悠扬动听的古典乐曲的水所冻结成的结晶很美丽，而听了充满愤怒和反抗语言的重金属音乐后的水冻结后，冰的内部构造乱七八糟，得不到结晶。

再把写有文字的纸条对着水贴起来，观察水的结晶情况。结果，对着写有“谢谢”纸条的水冻成的冰呈现出美丽的结晶，但对着写有“浑蛋”纸条的水就没有冻成结晶。向着水说“请好好做啊”，水冻成的便是整整齐齐的结晶，而向水严厉地说“你必须去做”，水就没有冻成结晶。

人间就是水。“爱和感谢”是这个世界起引领作用的关键词。

2. 第一章　宇宙是由什么构成的

应该把“收集了水的结晶照片的摄影集已经出版了”的消息告诉给许多与水说话、向水传递信息的人。开始，《水知道答案》一书的作者带着这部摄影集去出版社询问它的出版事宜，但都没有得到同意出版的回复，最后还是他自己的出版社（波动教育社）自行出版了这本书。虽然这本集子未能进入正规的发行流通渠道，但是一传十，十传百，订单接二连三地来了。

水在被冷冻之前，有的“读”了打印出的语句，有的“听”了音乐，有的被放在了电视或计算机旁边，有的“看”了麦田怪圈的照片[①]。拍摄的所有水结晶照片都被公开发表了。世间万物都以固有频率进行着波动，并且这些波动具有各自的特征。所谓世间万物都在波动，换言之就是不论什么物体，都在发出“波”。

3. 第二章　水是不同空间的入口

冰可以浮在水上，水可以溶解其他物质，水为什么具有这样不可思议的性质？如果从“水本来就不是地球上的物质而是来自于宇宙的其他地方”进行推想，这个疑问就迎刃而解了。在地球上，生命诞生，而且构成近乎完美的系统并不断进化，这一切都使我们不得不感到其背后有个很大的秘密。

于是我们想到：自宇宙送到地球上的水蕴含着生命的信息。解读水所带来的信息的方法之一就是观察冰的结晶。

4. 第三章　意识创造奇迹

目前地球上被确认的元素有108～111种，而佛教认为人间有108种烦恼。所有元素的确切数目是否就是108种呢？是不是这108种元素就和人间的108种烦恼相对应呢？

关于这个问题，波动测定仪给了一个出色的证明——人的负面感情产生的波动分别与元素所具有的波动相对应。

例如：焦躁不安的情绪与水银具有相同的波动，愤怒与铅、悲痛和孤独与铝几乎具有相同的波动。

被展示过“爱”、“感谢”字句的水，得到的结晶非常美丽。

水分子（H_2O）是由2个氢原子和1个氧原子按一定的结构组成的。如果“感谢”与“爱”也像水一样以2∶1的比例结合在一起，那么，就能量和影响力而言，“感谢”是2，“爱”是1。这是很容易明白的事了，因为“感谢”与“爱”比起来具有2倍的作用。

5. 第四章　世界是否在一瞬间改变？

祈祷就是默念祷告的语言，这些语言被称为“灵言”，它是能够显灵具

---

①本书中提及的日文版《水知道答案》中的个别内容，在中文版《水知道答案》中并未找到。不过经与日文版《水知道答案》核对，这些内容在日文版中确实存在。——译者注

有神奇力量的语言。“灵言”具有的能量，被认为可以净化湖中的水。实际上，真言密教寺庙中加藤主持的祈祷使藤原水库的水用肉眼看上去就能看出变得澄清起来了。祈祷的波动在一瞬间传递给周围的物质，也对水产生了影响。

鲁伯特·谢尔德雷克（Rupert Sheldrake）博士创立了“形象之场”理论。科学杂志《自然》对此进行了酷评，但是新科学（被认为具东洋神秘主义倾向的科学）的支持者对此大加赞赏。

一旦“形象之场”传播开来，它就被认为能超越一切空间和时间。也就是说，只要“形象之场”形成后，瞬间其他所有的场都会受到影响，换而言之，世界在一瞬间就发生了变化。

6. 第五章　微笑起涟漪

这里再次谈谈拍下的结晶照片。形成结晶的水，包括被展示了世界风景照片和在其前播放了世界名曲的水，是来源于各地的自来水或自然环境中的水。

祷告的语言，成为具有能量的“灵言”，对世间万物产生作用。自然界教会我们的语言，也是造物主的语言。

1997年7月，《水知道答案》一书的作者作为发起人，组织了大约350人聚集在琵琶湖畔，举行了一次试图使琵琶湖水变清澈的集会。一个月后，以往每年覆盖在湖面上散发着恶臭的藻类，没有在那一年出现。这说明只要很多人都怀着某种相同的意识，就可以成为改变宇宙的原动力。

二、人们为什么相信《水知道答案》中所说的?

理由之一，恐怕是那些结晶照片给人留下深刻印象吧。

把水倒入壁上贴有“谢谢”纸条的容器内，冻成冰后，得到了像雪片一样美丽的结晶；而在贴着写有“浑蛋”、“气死我了，宰了你”纸条的容器中的水，即使冷冻后也没有得到结晶。

当配有说明文字的彩色摄影图片呈现在人们眼前，即使类似“说什么非生物的水能够理解人的语言，别胡说八道了”的想法在头脑中闪现，但面对那一张张摄影图片，类似“原来如此，真是这样的呀。世上真有不可思议的事情发生呀”这样的想法就会产生，而且这样的人还不少。

“已经成书了”“拍成照片了”，就像在电视上看到的其他科学现象一样，致使一定数量的人信以为真。

例如：“特异功能使勺子把儿弯曲”的说法在本应展示科技成果的电视节目中出现，就似乎它已得到验证，从而使一些人认为这个说法是“有事实为证”的。

不是任何人都可以拍到这样的照片，这些照片是在低温下利用放大率为200倍的显微镜拍摄下来的。谁都不会想到自己要亲自做一做实验来验证一下。因为显微镜也是科学工具，这就类似于在电视节目中展示模拟体验来验证特异功能，人们都会信以为真。

进一步说，在呈现“读”了“谢谢”字条的水冻成的美丽结晶照片的同时，与之对比，也呈现“读”了“气死我了，宰了你”的水的结晶照片，并在旁边附上“水竟然呈现出孩子被欺负时的样子”的标题。就这样，把很多彩色照片排列在一起，即使江本所要传递给读者的信息很简单、很荒唐，也会有一定数量的人相信他说的是真的。

结果，“因为人体的70%都是水，可以说人是水组成的，所以要珍惜水，努力学会用美好而礼貌的语言”这样的结论被引申出来。的确，人体的含水量由于年龄等差异会有一些不同，但人体（指成人的身体）的确含有60%左右的水。把“珍惜水”“用礼貌的语言”分开来看，各自都是正确的，但是，被江本“所以”会如何如何引申开来，性质就会有本质的不同。不仅如此，因为随文的摄影照片确实具有一定的说服力，致使很多人毫不怀疑地接受了他的观点。

三、美丽的结晶是怎样形成的？

1. 对“美丽的结晶照片”的疑问

你可能这样想过：既然已经拍到了照片，那么无论谁拍，无论拍几次，都一定可以再现这些实验结果，得到同样的照片。

在《水知道答案》《来自水的信息》中呈现的水的结晶，是用什么方法得到的呢？又是使用怎样的摄影技术拍到结晶照片的呢？江本的书和录像，把结晶的制作和摄影方法做了一个总结。

（1）敲击盛有水的容器底部而使水得到活化。

（2）在直径5厘米的表面皿中，将用于观察的水用滴管滴下数滴。由于表面张力的作用，水在表面皿中心附近呈现凸起形状。把水放置在-20℃的冷库内约3小时。

（3）表面皿中的水被冷冻后，膨胀呈现圆形上凸，结成冰粒。冰粒直径有1.5～2厘米大小①。

（4）这些表面皿被拿到-5℃的低温室中，逐一将光对准冰的突起部分，用落射式明视野金相显微镜（放大率为200倍）观察，拍下照片。摄影过程需要2分钟。据说在50个冰粒中有数个到30个左右的冰粒能够被拍下结晶照片。

2. 水有三种状态

让我们先看看结晶前的水。在这里，首先让我们了解一下有关水的三种状态的基本知识。

水以固态、液态和气态三种状态存在。固态水称为冰，气态水称为水蒸气，液态水就是我们通常所说的水。水是由许许多多的水分子聚集起来形成的，水分子聚集状态的不同形成了水的三种状态。

水分子是什么样子的呢？

常温条件下，形成水蒸气的水分子一个一个分散着，以每秒几百米的速度自由地交错飞跃着。

①水结冰时体积要膨大，体积的增大对中心部凸起的冰的影响最大，并正好以中心突起部的形状冻结开来。

构成冰的水分子，以某一点为中心不停地振动着。水分子之间很牢固地连接在一起，各个分子被固定在特定的位置上，规则地排列在一起，所以冰的形状不能随意改变。

液态水中的水分子，分子与分子之间也像在冰中一样相互吸引着，但是，液态水也有与水蒸气相似的地方，它的形状由容器形状决定，随着容器的形状而改变。从容器取出时，固体冰的形状可以保持不变，但是，液态水会流动而不能保持原本在容器中的形状。

即使液态水中水分子之间存在相互作用彼此吸引，但它与只能在固定点附近振动而不能自由移动的固态水中的分子不一样，可以到处移动。就分子之间的相互作用而言，液态水中的分子之间作用力比固体冰中的松散微弱，而且在一定程度上液态水的水分子相互之间有可以交换位置的余地。

在冰和液态水中，使水分子之间连接在一起的相互作用被称为“氢键”。冰（固态水）中的水分子与液态水中水分子比较，不同的水分子间相互作用使冰形成间隔缝隙大于液体的构造，因此，相同数量的水分子构成的冰的体积大于构成液态水的体积。

拿学校中孩子们的情形打个比方，在教室里坐在椅子上膝盖不停摇动的孩子就好似构成冰的水分子；在空椅子上一个接一个移动着的孩子就好似组成液体的水分子；在校园中，跑来跑去自由自在玩耍着的孩子就好似组成气体的水分子。

而且，即使敲打盛有液态水的容器底部，水也是不可能被活化的。敲打只会使液态水物理性地在容器中剧烈地摇晃起来。不过如此而已。

3. 美丽雪花的结晶是这样形成的

冰的形成有两种路径。一种路径是由液态水制得冰。把液态水冷却，其中的水分子就不会自由地移动，渐渐地被固定在某一个位置，借助氢键规则地连接在一起。另一种路径是气相生长。空气中的灰尘等微粒成为核，空气中的水分子聚集在核上，生长为固体。结晶的核出现后，水蒸气（气态的水）就在核的表面上聚集起来变成固体。受一定条件影响，六角形或树枝状的结晶就这样被孕育了出来。雪的结晶就是这样形成的。

4. 江本的结晶是怎么回事?

冰箱冷冻室的温度一般在-10℃左右，在这里，水被冷却后只是变成冰。同样，在-20℃时冷却，表面皿中的水也只是变成冰而已。这个冰是表面皿中向上凸起的直径约1毫米大小的部分形成的。恰恰在这个部分，遇到某种核，加之不同条件而使六角形或树枝状的结晶得以生长。这是对形成不同形状结晶的一般认识。

江本等人说，观察到显微镜的光线照射到冰时，一部分冰开始融化的同时结晶就开始生长了。

这又是怎么一回事呢？为什么六角形、树枝状的雪的结晶可以形成？通过中谷宇吉郎等人的研究结果可以知道答案。水蒸气在很多条件下，大约在-15℃时就可以形成结晶。在冰箱里-20℃时形成的冰被拿到-5℃的房间里，此时，表面皿中球形冰的温度上升。另外，从显微镜的光线照射获得的热量也使温度上升。冰面温度上升到-15℃的时候，在球形冰的突起部分的中心（核），雪的结晶就孕育出来。江本等人照片上的结晶就是在这种情况下拍到的。如果被显微镜聚焦的光线照射，数秒间结晶就会以2倍左右的速度生长。如果冰融化了，结晶和它的形迹也就消失得无影无踪了。

5. 这样就可以说水能理解人的语言了吗?

这里所列举的明明白白的事实就是，能够形成所谓“可以理解语言”的结晶的水分子和空气中构成水蒸气的水分子是一样的。假设表面皿中的水可以受“谢谢”等语言的影响，那么冷冻成冰，在凸起中心得到的结晶中，只有一小部分是来自原水形成的水蒸气。

当被蒸发时水分子彼此分散开来，即使语言对液体水有什么影响，也与从液体水网状结构中脱离出来相互离散的水分子没有什么关系。结晶与表面皿中的水几乎没有什么关系。结晶的一部分即使含有原水中的水分子，却已相互分离开来，只能说含有原水而已。

中谷宇吉郎的研究结果显示，冰在-20℃～-5℃的温度上升过程中，在温度通过-15℃时，虽然时间极短暂，但具备形成六角形、树枝状结晶的条件。在这段时间里如果用显微镜观察，就可以拍摄到美丽的结晶。之后，随着结晶融化，也可以拍摄到形状被毁坏的固体状结晶。也就是说，摄影者可以随心所欲地拍摄到他想要的东西。

四、《水知道答案》一书与科学家的对立

1.《来自水的信息》是诗吗?

朝日新闻社在2005年12月5日出版的*AERA*上刊登了对江本的采访。

他说：“我认为《来自水的信息》是一首诗，不认为它是科学。我不是科学家，不过是单纯地进行一种精神求索和幻想。《圣经》可以被认为代表宗教，也可以被认为是一张纸，它也被人误解过。但我不是宗教领袖，只是怀着少年的梦想长大的普通人。这些现象只有一小部分能用科学解释，95%都不能给出说明。今后，我想这些不明白的事会逐渐地被我们周围的科学家所解释的。

“结晶的摄影本来是应该在温度和湿度都可以很好控制的房间内进行的，但是我们是中小企业，条件受到很大限制。不过胶片摄影是不可能被篡改的。如果有迫切的要求，我愿意公开胶片。可是，我们所做的一切却被科学家无视，并且被说成是‘小伎俩’，是在摄影家操纵下弄出来的美丽东西。无论怎样，我不认为它不是科学。人类对量子力学的认识就与之类似。没有具体的信

息传递过来也罢，给它好的语言就可以得到好的结晶，关于这一点还是个谜。

“在把水用到健康咨询上后，一件接一件令人吃惊的事情发生了。这才意识到原来水是可以带来信息的，这只是偶然想到的事。我自己主观地推想这个信息就是微弱的振动。这就是波动啊！虽然这是非常非常重要的一点，但是没有人相信，或者说没有人可以推理。因此，我这样的门外汉非常偶然地介入了这个问题。

“波动对我来说，是个常识问题。在所著的书中写下的‘体内108种元素所对应的108种烦恼’也是常识的范畴。是常识就没有不可以发表出来的道理。

“1989年，350人聚集在琵琶湖的祈祷运动获得了成果。从那以后，琵琶湖清澈起来了。

“靠着虔诚的祈祷可以使龙卷风消失吗？我想是可能的。但需要相当数量的人集合起来，不是很容易就可以做到的。为了这个目标我才在全世界不辞辛劳地进行着巡回讲演。”

2. 科学家带给江本的“信息”

《来自水的信息》在世间的影响渐渐地扩大起来，还被当作新闻进行报道。以下是四位科学家对《来自水的信息》的评论。

北海道大学低温科学研究所的古川仪纯副教授作为结晶专家对此很是气愤。

“作为无机物的水可以对语言和音乐产生反应是很难想象的。这是荒唐无稽的，是典型的伪科学例子。

“实验和操作都是很粗糙的，而且温度和水蒸气的量都不是一定的。各种各样的结晶都可以形成，观察者可以好好地去寻找发现美丽的结晶。50个表面皿中能够形成多少个结晶？什么样的结晶？关于这些，如果没有数据作为支持，是没有统计学意义的。”

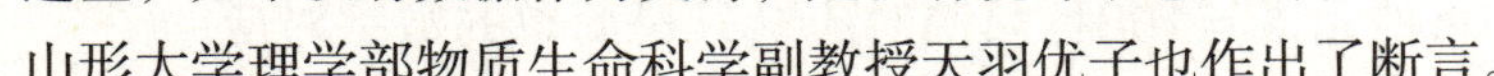

山形大学理学部物质生命科学副教授天羽优子也作出了断言。

“水是不能记录信息的。关于什么样的结晶可以制作出来，中谷宇吉郎博士已经作了解释说明，和语言、音乐是毫无关系的。”

大阪大学智能媒介中心的菊池诚教授（物理学）在互联网上看到《来自水的信息》作为授课中的例子被引用，于是给该学校发去了邮件，力图防止它在学校教育中的蔓延。

“即使不被超自然的和心灵感应现象所欺骗，相信伪科学的人也很多。结晶的‘美魂’与便于分辨善恶联系起来，很不幸地已被接受了。但是，轻率地把它引入道德教育课并流行起来，这是很危险的。”

无机材料化学和环境科学专家、坚持不断地批判伪科学的国联大学副校长安井至是这样说的：

“越是无稽之谈，越被科学家忽略而流传开来。的确，目前存在无法用科学给予解释的现象，但是，物理学现象的解释在向前推进，像江本说的那种神秘的事情根本不会出现。在以科学立国为宗旨的日本，《来自水的信息》中这样超自然的信息被传扬，是件使人感到羞耻的事。”

3. 是科学还是伪科学?

面对科学家严厉的批评，“是诗”，是“门外汉做的书，没有认为它是科学或与科学沾边”……江本以这样的说法为借口，逃之夭夭。但是，他另一方面又说:“今后，我认为会被周围的科学家给予科学的证明。”他这样一说，给人一种“这就是科学”的印象。

在前面已经介绍了结晶的制作和照片拍摄方法，但是，江本是这样叙述的:“摄影者只是把‘做了这些事情而得到这样的水’这个信息传递出来而已。说来水本是心灵的一面镜子。‘在摄影者意识的作用下美丽的东西可以得到’这种事是存在的。我认为这不是伪科学。”也就是说，拍摄结晶的人很可能本来就怀着“这些是‘读’过赞美语言的水结成的冰，要努力寻找好看的结晶”的想法，而拼命找出所要的照片。我们都明白这到底算不算是客观的。江本在他的评论中用“量子力学”这一学科作为佐证，但他所说的“常识”与这一学科完全没有关系。他的科学知识水平是非常低的，但是非常遗憾，像我在本书序言里说到的，世人皆知，在发达国家中，日本国民的科学素养是在低水平线上的，就连他这样低水平的说明，对其相信的人也是存在的。

4. “108种元素与108种烦恼对应”只是简单的数字对应

到现在为止，至少有111种元素被发现。以后还有增加的可能。108种是很早以前的数据了。况且，除去现在地球上自然界里不存在的元素，只有90多种。锝（Tc，43号元素）、钷（Pm，61号元素）以及序号在93以上的元素都是自然界中不存在的非天然的元素。不管怎样说，利用加速器等装置制造出来的元素与所说的烦恼是不可能对应的。

除夕之夜，为了消除108种烦恼，寺庙中的钟要敲108下，民间确有此种说法，似乎可与元素的种类数关联起来，但是，这只是简单的数字游戏罢了。

关于“烦恼”的数目，存在不同的说法。少的是3种，一般通俗的说法是108种，多的达到84000种。这些数字本身没有意义。

江本的健康咨询是利用所谓“MRA装置”进行的（参见16页），称为“波动咨询”。利用MRA进行健康咨询，而后贩卖“波动水”，声称“人间负面的感情分别与元素所具有的波动相对应”。其实把负面感情与烦恼数和元素数联系起来，无非是想说服咨询者相信MRA罢了。

5. 琵琶湖的水没有改变

在1989年的集会中，人们向琵琶湖的水述说感谢的话，琵琶湖的水质真的因此变好了吗？稍微做些调查就可以弄清楚。如果真的在琵琶湖取得了那样的成果，那么在其他也想使水质变好的地方，也一个接一个地做下去该会多好。

如果水受“谢谢”等的语句影响就可以变成好的水，那么把写有“谢谢”等的纸条贴在有水的地方，比如人身体内，又会怎样呢？

而且，关于琵琶湖水质的结论，滋贺县琵琶湖研究所是这样说的：“昭和55年（1980）的《琵琶湖条例》（正式名称：《滋贺县琵琶湖富营养化预防相关条例》）实施后，尽管水质有些改善，下水道等整修工程也取得了进展，但是水质仍然没有进一步的改善。琵琶湖的水全部置换一次需要大约19年时间，因此，水质今后会如何变化，还是不可预想的。”琵琶湖水就处在这种状况中。

6. 在日本物理学会年会上的反应

江本曾说：“我想，今后相关的研究者会作出科学的证明。”江本“共同研究”的合作者在日本物理学会年会上宣讲了其研究结果。

下面就是关于那次会议情景的新闻报道①。

①《读卖新闻夕刊》2006年10月2日报道。

“那些不是科学！”2006年9月23日，在奈良女子大学召开的日本物理学会年会上，对于九州大学的研究者所做的报告，会场上批判的声音不绝于耳。把自己的研究结果呈现在其他研究者眼前，听取意见和批评，以此来促进研究的深入开展，这是学会宣讲的目的所在。严厉的批评指责不足为奇，但是诸如“这不是科学”的指责却是很少见的。

最近，貌似科学的伪科学在社会上蔓延开来。对此，很多科学家都很苦恼。这就是会上发出上述严厉批评的背景。

报告的内容概要如下：在4个装有水的小瓶上，分别用胶带贴上写有“谢谢”“浑蛋”“Thank you（英文：谢谢）”“You are fool（英文：浑蛋）”的纸条。7天后和14天后，测量水中的元素浓度。结果，只有被贴有“浑蛋”和“You are fool”的瓶中水的钙浓度增加，14天后却又减少下来。“可以认为语言所具有的能量使水中的元素发生核变换，变成了别的元素”。

做报告的是九州大学研究生工学研究院的助教（化学工学专业）。作为共同研究者，他也是《来自水的信息》《水的述说》等书的联名作者。

在报告后的提问环节中，面对科学讨论中最基本的一个提问“在多次重复实验中得到的实验现象是否一致”，报告人的回答是“没有做再现实验”；对于“语言所具有的能量大概有多大量级”的提问，回答是“对这一问题没有研究”……从回答中我们就可以对他的实验略知一二了。

“语言的意思可以影响水”，这一话题，在物理学会年会上没有被触及。但在一些学校受到教员的好评，被引入道德教育课中。人体中含有许多水，所以“混蛋”等恶言恶语说出来，身体就会受到影响。“故事”就是这样编造出来的。

在日本物理学会年会上，研究结果是可以不经过会前审查就在会上发表的，所以，属于伪科学的报告经常会出现。“爱因斯坦相对论是错误的”就是经常出现的典型伪科学论题。

相信伪科学，相信类似“语言具有意识能量”等观点的科学家是极少的。但就是这些人，做些粗略的实验后，就得出类似钙浓度增加的结果并且公布出来，宣称这是“意识的能量使原子核发生变换而引起的变化”。以这样的假说来解释现象，这是比伪科学更低级的问题。

通过这个报告，大家可以明白了，江本所说的“相关的研究者”就是这样一个非常奇怪的人。

7. 水怎么会知道答案?

从科学上讲，即使向水展示了文字，它也不会受到什么影响。当然，人在看到文字后，与文字相关联的感情是可以被引发出来的。这是因为人可以理解文字的意义，但水是不具有理解文字的系统结构的。

的确，我们还不能说水的一切已经可以用科学给予解释。尽管如此，水已经“确切无疑”地被科学弄清楚的领域还是很广的。给水加热、通电，让水处在强大的磁场中以此给水加以物理作用，或者是将某些物质溶解在水中而发生一些化学变化，都会使水受到影响。但是，水可以理解人的语言文字而发生反应，这是完全不可能的。

“祷告语言具有‘言灵’的力量，其所表达的意义对人类之外也会产生影响”，诸如此类的观点是值得推敲的。江本认为水可以理解各种语言文字，包括日语、英语，其形成的结晶可以随之改变。试想读者看到不懂的外语尚且不知道它的意思是好是坏，水又怎会明白呢？但江本宣称水可以明白，即使人不懂，但非生物的水却可以明白。相信读者稍加思考，就会感到这种想法的匪夷所思。

五、“波动”到底是什么?

1. 伪科学的“波动”与科学的“波动”不是一回事

在伪科学产品的说明书中经常会出现“波动”二字。科学用语或是物理学用语都有“波动”一词。但是，在科学上它有特定的意义。

作为科学用语的“波动”指空间或物体的一部分受到外界作用而发生状态变化，并不断地向其周围部分以一定的速度传播开来的现象。

海面或池塘水面上的波纹、地震波、声波、电磁波都是波。波分为横波和纵波。例如，声波是空气的疏密程度的变动而引起的波动。

波动的重要性质是“传递能量”。对于声波，微小柔和的声音发出的功率大约是10^{-9}瓦；大声叫喊的时候，发出的功率是10^{-3}瓦。大型管弦乐队发出的声音的功率大约是10瓦。

与之相对，伪科学的“波动”是对物理学中所说“波动”的断章取义，与科学上的概念根本是不同的。

伪科学的“波动”原本是灵能者①的用语，他们声称所有物体都可以发出似乎是灵气一样的东西；“是依靠与心灵相同的媒介而存在的”，是“直接可以感到的反射线、灵气”等事物。

江本等人认为语言也发出波，语言发出的波是“语言所具有的意识的能量”形式，水发出的波，与其他发生源发出的波产生共振。

“波动”“共振”都是科学用语，所以使人联想到科学，为缺少科学知识的人酿造出貌似科学的氛围。

“不管什么东西，都会产生波动”，江本这样陈述。我们只要测出纸上所写的语言发出波的能量就可以明白江本所说是真还是假。显然，这是我们不可能做到的。

现在，在商品的说明书中出现“波动”一词，称它是伪科学是一点都不冤枉的。

2. 波动测定器MRA是怎样的装置？

美国人罗纳德·温斯托克（Ronald Weinstock）开发了磁共振分析仪（Magnetic Resonance Analyzer，MRA）。任何一种物体都具有其固有的振动波（特征振动波），查对这种振动波的共振波数，就可以诊断疾病。这就是此仪

---

①灵能者：指具有感知灵魂的存在且可以与之进行接触和交流能力的人。——编者注

器的功能。

温斯托克把物质的共振周波数编号记录下来。比如，肝脏的记录号是D273，把它输入MRA仪器中，被测者把手压在探针上就可以把波动送出去。波动是否发生了共振可以从这个仪器发出的声音得知。把肝脏特有的波动所发生的共振与正常波进行对比，就可以将非正常程度的紊乱数值化。

与正常波动值的差，从–21到+21（包括0在内）以1为间隔划分为43级（由于仪器型号不同，每级间隔可能大小不同）。如果是+21，说明肝脏完全没有问题；如果是–21，则是相当危险的状况。这个标尺可用来简单地判断身体状况。

以上这些又与水有什么关系呢?

3. 被称为“波动健康咨询”的商业行为

就像江本所说“我用这个仪器给很多人测定了各自的波动”，他们就是用这种MRA仪器进行波动咨询的。

江本等利用波动进行商业活动的人是这样说的：

利用MRA这种仪器可以测定含有水的生物的特性。

MRA仪器可以把各物质本身特征波动的信息转录给水。

把对健康有益的编号转录给水，水也就变成了波动水。

波动健康咨询的内容就是：利用MRA发现疾病的原因，然后再喝与该种疾病相对应的波动水，就可以把病治好了——这是貌似治疗的行为。江本著的《水知道答案》和《来自水的信息》等书和这些波动健康咨询、波动水一样，只是他们商业行为的一部分而已。

4. 波动水的真面目是什么?

MRA仪器的内部结构是什么样的呢？是利用真正的量子力学波动理论原理研制的仪器吗?

事实上，它完全是虚假的仪器。在宝岛社出版的《向超科学者先生们的大回击》一书中，记录了作家福本博文向研究波动的感悟能量学会调查委员会提出的对MRA仪器的质疑，以及测定仪厂家对这些质疑的回答。感悟能量学会的主旨就是试图对波动、气等现象进行科学的研究，用现代的科学方法解释这些现象和未知的能量，进行研究并将其实用化。以下引自福本的报道。

> 成为问题的主要有四点：①MRA被说成是对被测定物体施加极微弱的磁性，从而可以测定磁性共振的高感度磁性共振测定仪。它当

真具有这样的功能吗？②波动编号具有什么意义，与测定仪的哪些信号有对应关系？③靠什么原理来判断共振和非共振，判断后相应的声音有变化吗？④信息被说成可以转录到水里，这又是什么原理呢？

感悟能量学会的会员大半是制造厂家，本应了解仪器的内部构造，但关于仪器构造大家都心照不宣，又以不对外公开为前提，只向仪器制造商的关联者作了答复。由此我们弄清了以下情况：①虽然声称是可以测定微弱磁性的仪器，但这仪器构造中没有一条具有此功能的回路。②编号只是显示器上表示出来的数字而已，与仪器内部其他部分根本就没有连接起来，与仪器的周波数、电压、电流根本没有关系。编号就像数码照相机上带有的数字一样，没有什么特殊的意义。③发出来的声音与编号没有任何关系。发出声音的装置，只是手与放在其上的金属球间的电阻决定周波数的发振器，操作者可以随意改变周波数。④科学地说，具有转录功能的构造根本不存在。

波动测定仪是个不真实的东西，也就是说“波动”也是制造商捏造出来的。这才是事实真相，一点都没冤枉它。

“对此结论要保持沉默”，感悟能量学会调查委员会就这样达成了默契。

最终结果，MRA的本来面目只不过是测量手掌皮肤表面电阻的仪器而已。换言之，是与测谎器同属一类性质的玩意儿。

所以，MRA是由操作者随意控制而显示数据的。因此，与它紧密关联的波动水（波动共振水），也只是一般的水而已。如果取些自来水，那么所谓的波动水与原水——自来水没有什么两样。

六、在教育界也蔓延着伪科学

1. 用《来自水的信息》进行授课的方式在全国的学校中蔓延

有个很大的教员团体（名为教育技术法则化运动，英文缩写TOSS）借助《水知道答案》《来自水的信息》等江本的系列书籍，迅速扬名，其结果是江本的所谓学说在学校内蔓延开来。

TOSS内的人员，制作了许多类似“针对这样的质疑就……解释，按照……顺序讲课就可以了”的教案。一般来说，这件事本身不是什么坏事，但是，这些材料里出现了内容奇怪的指导案，这就是问题之所在了。

按照指导案所设置的程序进行一下模拟授课。

例如，首先，江本把《来自水的信息》中的摄影照片给孩子们观看。展示的是对称的六角形的美丽结晶和形状歪扭的丑陋结晶的摄影照片。然后，解释这就是被展示了“谢谢”与“浑蛋”的水而结成的冰。水受到文字语言的影响，“水可以理解美好的语言和丑恶的语言，被展示了‘谢谢’等美好语言的水会结成美丽的结晶；被展示了‘浑蛋’等丑陋语言的水，只能结成很难看的结晶或是根本得不到结晶”。接下来，对“人体大约70%是水”进行说明。推论是当人们使用肮脏的语言时，身体中的水就会受到影响。因此，不要使用肮脏的语言。这个结论就这样被引申出来了。

2. TOSS教员团体的问题

TOSS的前身是“教育技术法则化运动”。初创时，笔者正是中学教员，也与这个组织有过联系。当时，身为小学教员的向山洋一主席提出“教育技术、教育指导的技能要相互交流学习”的宗旨，我是很赞同的。笔者从专业理科教育的观点出发，也指出过在这个活动的参加者中，理科能力和科学素养很薄弱的人太多了。

现在，TOSS已经成为日本国内拥有会员数最多的教育团体，确实是值得自豪的，并且在名为“TOSS领地”的WEB网站上提供很多教学内容，影响力是相当强大的。

《来自水的信息》的授课教案登载在网页上，是允许任何教员模仿的指导教案。当然，网站上的内容向山是过了目的。因此，在全国的教员中流行开来。对于与“TOSS指导教案”有关的“信奉TOSS教的教员”而言，这个教程不但不是需要批判和检查的对象，反而是非常“优秀”的教程。

大概因为从科学工作者那里受到的批判在网站和媒体上不断出现的缘故吧，现在，没有给予任何说明，这些内容就从TOSS的网站上删除了。

3. 教员需要用自己的头脑思考

现在的学校教育完全丧失了余暇，教员们每天都在一种“像准备过年一样忙碌”的气氛中工作着，为准备要求的书面材料和为孩子们写评语而疲于奔命。每个班的孩子比以前少了，但是与孩子和孩子背后的家长的交流和沟通却变得难起来。由此，学校教员间相互学习和交流的气氛也变得淡薄了。

用TOSS提供的指导案来代替费工夫的教案准备工作就成了不难理解的事情，也许其中有很多非常合适和优秀的指导案。但是，我想对各位教员所说的是：把这些指导案用到课堂上之前，请在互联网上检索一下。如果有对此指导案批评的网页，请读一读。不要局限于TOSS的内容，也要寻找其他更加多样的教案参考。要用自己的头脑思考问题。

齐藤贵男著的《资本主义》[①]第五章“‘万能’的微生物EM和世界救世教”中有这样的记述：TOSS在籍的小学教师分别将有害微生物比拟成“霉菌人（baikinman）”和“豆饼人（anpanman）”，并教授给孩子们，还说EMX[②]具有超能力。把EM引入环境教育是向山推荐的教案。齐藤贵男非常愤怒地说：“向山把EM具有超能力的观点灌输给孩子们的本质目的，我想不必用过多的语言来说明，只用一句话就可以了——愚民教育。”

“愚民教育”是这20多年来一直推行的“快乐教育”背后隐藏的目标。这样的教育与教育行政工作方式形成一体化，TOSS也把教员们愚民化了，现实使得我们不得不这样说。愚民教员们，对学生进行有效的管理，只会把“教祖”的想法有效地灌输给孩子。到现在为止，TOSS把《来自水的信息》的授课推广开来，到了该对此反省的时候了。

---

①由日本文春文库出版社出版。

②有益微生物提取液，effective microorganism extract的缩写。——编者注

根绝！对有关水的怪异的商业营销行为所做的彻底调查

第二章

一、“分子簇小的水有益健康”是真的吗?

1. 水的分子结构和分子簇学说

当我们考察为那些利用制水器、活水器等仪器制作出的各种水进行的怪异的营销行为时，就可以发现在关于这些水的说明中，几乎都说到一个共同的内容，就是：水吸收某些微弱的能量，水分子的构造（即分子簇结构）就会变小，很容易渗透进细胞，从而促进植物的生长，其果实的味道也会更好。分子簇变小的水，有益于健康。

即使不使用“分子簇”这个术语，“水的颗粒变细小”“水的集团变小”“小水分子”等术语也都是这个意思。

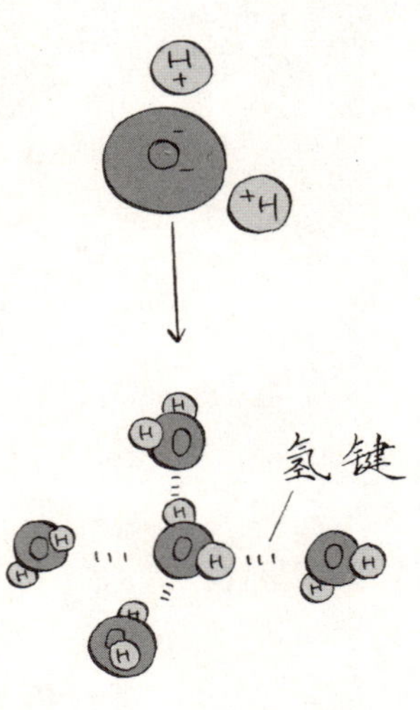

分子簇带有类似“一房葡萄”的意思，因为看上去水分子簇就像一房葡萄聚集在一起，所以称之为“水的分子簇”。

关于液体水分子的构造，有些已经弄清楚，但还有许多没能给出合理解释。关于水的分子簇，还有许多没有弄明白。

目前，水的最有力的模型之一就是，水分子的集团（分子簇）在10^{-12}秒量级的极短的时间内进行着聚集、分散、再聚集、再分散的运动。

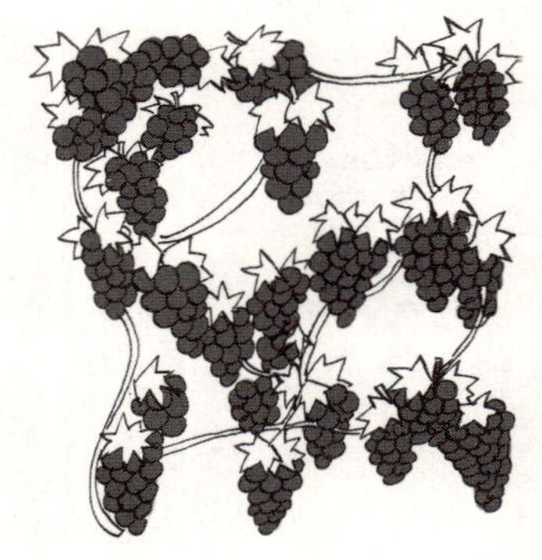

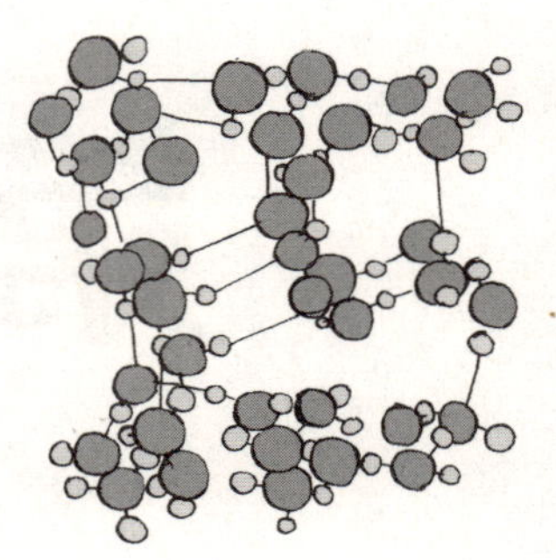

2. 核磁共振仪与分子簇

松下和弘是核磁共振（Nuclear Magnetic Resonance，NMR）仪器贩卖厂家日本电子的员工，他把加入了^{17}O的水用这个仪器检测，记录下水的吸收谱线和它的半峰宽，发现分子簇小的水的半峰宽窄；接着，他又用此仪器对长寿村（亚美尼亚共和国境内）的水、天然泉水、井水和自来水等各种水的半峰宽进行了检测。得出非常好喝的长寿村水的半峰宽很窄，而自来水的半峰宽却很宽的结论，由此“分子簇小的水对健康有益”就被传开了。而且水的分子簇一下子在媒体上被炒热起来。

在日本化学学会年会上，松下就他的测定结果做了报告。日本化学学会与日本物理学会一样，在学会年会上宣讲的内容事先是不审查的。所以不可以说“在会上做了报告就被认为是事实，就是正确的”。要想在学术界得到承认，必须在学会的期刊上以论文的形式发表。

与使人生疑的波动测定仪MRA不同，用科学尖端分析仪器NMR测定的结果，被各种媒体相继报道。“美味的水、对健康有益的水就是水分子簇小的水”相当引人注目。

在商界做水生意的人自然对关于水的似乎科学的说明非常渴求，于是这就成了说明水商品效用的根据，即刻就被利用上了。

碱性负离子水、磁化水、还原水和电气石水等，凡是声称属于活化水或功能水的水商品，都说“这个水接受了某些微弱的能量，水分子簇变小了”。

“当水的分子簇变小后，就很容易渗透到细胞内，有利于身体吸收，从而加强新陈代谢，对身体很有好处。”水被细胞吸收时，需要通过细胞膜。细胞膜上有许多非常小的孔，水就是通过这样的小孔进入细胞内部的。这样，分子簇小的就比分子簇大的水容易通过小孔，而很快被细胞吸收，这样的学说很容易被理解。

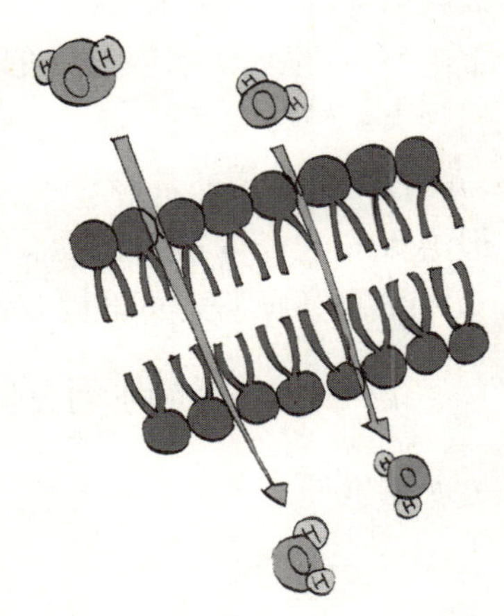

3. 分子簇学说被科学所否定

1993年和1994年，大河内正一等（法政大学工学部教授）科学地揭示出：^{17}O的NMR吸收谱线的半峰宽（见下图）可以用水分子的回转运动和质子的交换速度来说明。半峰宽随着pH变化，不能用分子簇的大小来表征。大河内教授有以下的阐述：

> 松下的错误是，他忽略了pH对质子交换速度的影响，对不同水的半峰宽的变动及水分子回转速度采用了错误的表征方法。^{17}O的NMR吸收谱线的半峰宽是水回转速度与质子交换速度综合作用的结果。

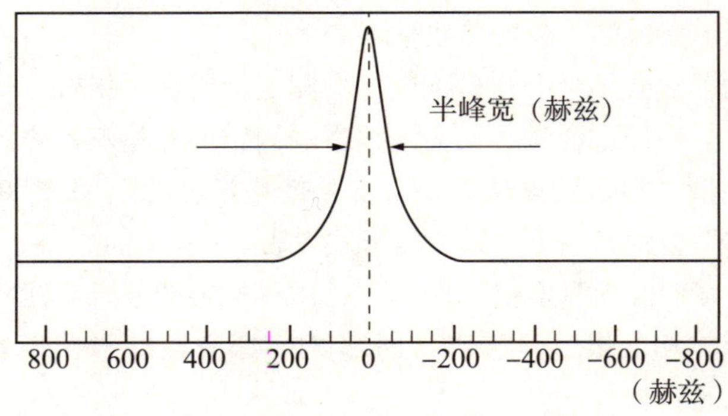

^{17}O-NMR的吸收谱线及半峰宽

这些都是很难理解的术语，让我们举例来说明。松下认为^{17}O的NMR吸收谱线的半峰宽因分子簇小而变窄，那么就让我们看看水分子在碱性一侧（即碱性离子水、还原水）与酸性一侧（即酸性水）会是怎样？

实际上，pH表明酸性度和碱性度。在pH为7附近的中性水中，^{17}O的NMR吸收谱线的半峰宽为最大值，但在稍稍偏碱性的碱性水或稍稍偏酸性的酸性水中，^{17}O的NMR吸收谱线的半峰宽都会变小。这证明半峰宽的宽窄与分子簇的大小没有关系。

松下的学说非常容易被接受并流传开来，虽然在科学上被证明是错误的，但绝大多数公众却不知道。如果不读大河内教授与他的研究合作者上平恒（原北海道大学理学部教授）合著的《水的分子工学》①，是不会明白这些的。

4. 易于吸收的水对身体并不好

从生理上考虑，如果真有比普通水更易被吸收的水存在，它对人体不仅

①1988年由日本讲谈社science book出版。

没有好处，反而会有很大损害。我们的身体是在普通的水中生活、成长和进化的，细胞的恒常性机能为保持体内一定的平衡起着调节作用。如果突然有容易吸收的水进入身体，体内的平衡就会被打破。

所以，所谓的"容易吸收"只是口头上说说而已。好在这些水实际上与自来水没什么两样，也就没有什么实际的损害。没有实际的损害，那么怎样说都可以了。

如果在据称对健康有益的水的说明书中，出现"分子簇很小"、"水的颗粒很细"、"水的集团很小"和"小分子水"等说法，那么毫无疑问这种对水的说明在科学上是很荒诞的。

二、"磁铁可以使水活化"是真的吗?

1. "磁性水"是什么样的水?

我曾接受过这样的询问："水通过由强磁铁产生的磁场时，可以被供给很多电子，成为带有负电的负离子。这样的装置，您如何看待？"

磁铁有N极和S极两极。这个装置最少使用两块磁铁，将这两极各自对着自来水，将自来水夹在两极之间。在家里自来水管道的总入水管根部安装上这个装置，家里使用的水就都成为了被活化的磁化水，好喝而且对健康有益。这就是厂家贩卖这种装置的十足理由。另外，有人说用磁铁可以防止生水垢，这是真的吗?

2. 水是不受磁铁影响的，除非磁力超强

水从磁铁间通过时，会受到什么作用吗？当水接近强磁铁时会受到推斥，只是因为水具有反磁性。但是，磁性非常弱，还谈不上对水产生影响。

但是当具有特别强磁性的磁铁（超导电磁铁等）接近水面时，水面会向下凹陷下去，当磁铁远离水面时，水面又恢复回来。在这种情况下，磁铁作用前后什么影响也不会留下。而且，超强磁铁使水面凹陷下去，也会在10^{-12}

秒的时间内结束。发生变动的水的微米级构造是不会受到影响的。

如果考虑到对水施加影响，那么除非使用强力磁铁，否则是不会有什么效果的。但是，现在想使水得到活化所用的磁铁，与前面所说的接近水面使它凹下的超强力磁铁比较，它带有的磁性是很弱的。在这种装置上使用的磁铁，磁性只是稍微强了一点，到不了使水产生反应的程度。

另外，经常映入我们眼帘的是诸如活性水“靠磁铁的作用使水的分子簇（水的分子集团）变小”的一类说明。这不是事实——问一问水的分子簇是如何测量的就明白了。如果是靠^{17}O的NMR吸收谱线的半峰宽的话，就像在前面所说的那样，它其实不可能显示水的分子簇大小。目前，还没有测量水分子簇的方法。

3. 水受到磁铁的作用，只有在强大的磁场中才会发生

不是水受到磁铁的作用，而是溶于其中的矿物质成分受到磁铁的影响。

像自来水那样的一般水，含有矿物质成分，矿物质成分是水中带有电荷的粒子（离子）。随着水流，离子也流动起来，这样离子会受到磁场的影响。对于含有高浓度矿物质的水（硬度大的水），利用磁场的作用有可能防止水垢的生成。但事实证明，利用磁铁来防止水垢的生成是没有什么效果的。

当水流通过磁铁的时候，其中的矿物质成分可以受到十分微弱的影响，但是，从磁铁处离开后，这个影响就消失了，水又恢复了原状。

假设磁化水对健康和防垢有作用，就需要在磁铁产生的磁场作用下，把水喝了或用它清洗汽车。这时候如不在强力磁场的包围中是不可能发挥作用的。比如，MRI（磁共振成像）是把脑的断面图像化后用于诊断的仪器，它里面的磁场非常强。在其中，人体内的水会受到磁场的作用。但是，从MRI中出来后，体内的水就恢复到原来的状态。

在MRI仪器中，人体内的水会受到磁场的作用，但体内的代谢状态并不会因此而发生改变。

4. 在科学上还没有得到证明，这就是现状

回到最初的提问：“从强力磁铁形成的磁场中通过的水，会得到更多的电子吗？”在科学上，这是无法想象的。电子从何而来？

对于磁化水是否对健康有益，虽有不可思议的说明，但是没有可作为证据的临床数据。

假如磁化水真有效果，只要在净水厂自来水的出水口处设计一个非常强的磁场，我们大家就都可以受益了。但是，因为没有这个效果，所以这样可笑的事情也就没人做了。

三、“π水”是“具有魔法的水”吗?

1. 风靡一时的“π水”理论

笔者认为，波动系中最不可理解的水就是所谓的“π水”。“可使植物生长得更快”，“插入剪下来的鲜花可比一般的水保持更长时间”，“水放入浴缸可以很快沸腾”，“对健康有益……”如此这般被到处宣传的就是π水。

π水的提出，最初源于1964年山下昭治（时任名古屋大学农学部助手）在观察植物的开花现象时，提出的“从芽到开花的过程中，水与遗传信息是不是存在一定的关系”这一思考。

现在简单地把π水的理论解释一下。

“支持生命的状态是二价和三价铁盐诱导下的状态。携带正确信息的微量铁盐进入体内后可以使生物体恢复本来的健康状态。”残存铁盐在体内的活性状态，被称为水的“π化状态”。在铁的化合物中，铁以二价或三价状态存在，二价和三价铁盐指两种价态的铁的复合化合物。当微量水也存在时，它就与生物体保持很好的一致性。

这个理论自提出以来几十年过去了，其效果没有得到实验验证，在汇集科学工作者的学术年会上根本得不到承认。

尽管如此，以“具有魔力的水”为招牌到处宣传，并借用圆周率π来命名，给人以类似科学的印象。凭借着这一点，被冠以“π水”的水商品现在随处可见。

2. 实验证明：π水与自来水没什么两样

制造π水的装置售价很高，国民生活中心[①]接到了很多咨询π水制造机

①国民生活中心是日本的独立行政法人，隶属政府的消费厅。其工作宗旨为维护和保证国民生活的安定和提高，从全面的角度考察国民生活状况，向政府提供有关国民生活的信息，对有关问题进行调查研究并负责依照法律程序解决重大的消费纠纷。——译者注

的电话。他们于是选择了一台，对它制造出的水进行检测。“去除产生铁锈味的物质”，去除有机物，去除不好的成分（功能检验）等几项指标结果都在平均水平之下。

将“促进植物生长”、“利于鲜花的保鲜”、“使浴缸内的水很快得到加热，85℃就可以沸腾”等项目与自来水相比，都没有什么区别。

当然，不是对所有称为“π水”的水都进行了检验，有人可以说“我这是真正的π水”，但这时他是不是也该有勇气接下去说“来！给我的π水做一下检测吧”。

3. π水倡导者的告白

在对“π水奇迹”投来众多疑问的时候，《周刊文春》（1992年2月刊）登载了作家大朏博善的报道《告发！水龙头产业的内幕》，《神奇的水——π水的科学根据是零》也介绍了山下就大朏提问作出的书面回答。原本再三请求对山下进行专访，但都遭到以专心研究为由的拒绝，只以书面回答作为代替。

> 我的理论的实用化需要通过长时间且缜密的实验来进行反复验证和论证。验证的结果、效果的再现性及其方法被认可而且也得到

了制品后，我会很高兴地把它推荐给大家。但是，不是我的制品，也不是在我指导下生产出来的制品，我是完全没有责任的。

虽然想人工制造出π水来，但还没有使π水的效果发挥出来的制造技术。现在，到处存在的π水制品其效果存在很大的疑问。

在1992年，各种被说成是与具有魔力的π水有关的商品，其开发者却说"根本没有责任"，而且实际上"制造技术还没有被研究出来"。

那以后，受山下推荐的π水制造器出现了，但山下却像从社会上隐匿起来似的没有反应，这个制造器到底怎样谁也不知道。

在山下写的书里说，如果是真的π水，则具有与普通水不一样的特别性质。例如，向养有金鱼的π水中放入氰化钾，金鱼却不会死，也就是说，氰化钾被无毒化了；以及氧化还原反应没有发生的水其密度特别高等。如果这些是山下提出的π水的特性的话，那么现在贩卖的商品究竟是不是π水马上就可以被验证了。

笔者曾用比重计测定了从制造π水的净化器流过的水的密度，以确定它到底是不是π水。这个净化器是这样宣称可以制造π水的：此净化器可以成功地将π水所携带的信息转录到陶瓷内，形成π化陶瓷。水与之接触就可以制造出π水。那么，这水是不是山下所称的真正的π水？用最简单的测量密度的方法来验证一下。结果，它的密度与普通水的密度没有什么不同。这就证实了这个净水器是不能制造出"真正π水"的。

4. π水的真面目是什么？

实际上，所谓的"π水所携带的信息转录到陶瓷内，陶瓷与水接触就使水变成了π水"，就是本书第一章里介绍和讨论的"波动"的思维。

山下所说的π水是二价三价铁盐浓度很小的水。首先，这个π水所携带的信息传递给了陶瓷，然后陶瓷一般与水接触从而使陶瓷把信息传递给了一般水。据山下解释，此时的水已不仅是含有二价三价铁盐的水，而是已被转入了信息的水。

在这里只要将"信息"置换成不可思议的"波动"，二者就变成同一个理论了。也就是说，π水把固有的波动转录给陶瓷，而陶瓷又把固有的波动转录给与之接触的水。

但是，笔者通过简单的实验就得出了结论：从这个净水器出来的水，没有山下所说的π水应具有的性质，与通过其他净水器出来的水是一样的。这个结果说明，π化陶瓷最开始就没有被转录上山下说的信息。即使被转录上了（笔者根本不认为被转录了），也不能确定π化陶瓷是否有将信息再转录给其他水的能力，或两者都没有转录与被转录的能力。

笔者认为山下最初提出的溶有二价三价铁盐的稀溶液，不具有他所说的π水的性质。山下说π水所含的二价三价铁盐的浓度是目前在日本国内还无法测量的稀薄浓度。对它怀有兴趣的丝川英夫说："在美国有可以对此进行测定的机构，我们去检测吧!"最初响应"一起去"的山下，最终却溜掉了。我想当事人是最清楚π水的真实面目的。

四、"通过电气石的水可以把重油分解"是真的吗？

1. "魔法宝石（power-stone）"可以放出负离子?

波动学说中的水指用魔法宝石（带有某种神奇力量的石头）处理过的水。魔法宝石经常被用来指代一种叫电气石的矿物。电气石具有非常典型的压电性（当受外部压力时，可以产生电流），同时，也具有焦电性（当温度变化时产生电流）。这种矿物质包括结晶片岩、片麻岩、接触变质岩等，产地广阔，其中特别美丽者就是我们所说的宝石——碧玺。

之所以被称为电气石，是因为当它被加热、摩擦时会产生静电。

电气石因为具有压电性和焦电性，便戴上了科学的面具。它的效能也因容易说明进而容易制造出"波动"的氛围。

一时间，市面上掀起了负离子风潮，很多人都戴上宣称由电气石做成的可以发出负离子的饰品，很多地方也都在销售据说将电气石的微粒渗透到纤维中后制造出的各种产品。但当把它们用负离子测定装置检测时，数值只显示存在非常微小的游离的负离子。这不是因为波动而发散出的负离子，而是电气石本身含有的放射性物质发出的放射线引起的负离子。

2. 创生水是伪科学的代表

一种具有去除水中矿物质的昂贵仪器的核心部件是由黑曜石、电气石和离子交换树脂的组合构成的。据说这种仪器可以制造出创生水，但它的维修费和保养费很高。

首先，水通过离子交换树脂被软化——其实日本的水几乎都是软水。接下来就是脱去矿物质成分。“不仅仅是脱去矿物质成分，而是使人体血液中大量存在的钠离子数量增加，钠离子是生物体中发生原子转换的物质”——从这里开始，伪科学就登场了。

荒唐的科学家写了荒唐的书，书中写道可以发生钠向钙的原子转换，但是谁能够证实“生物体内原子转换”可以发生？如果可以证实，恐怕早就获得诺贝尔奖了。

下面说到活化过程，所谓“分子簇变小了”等言论自然被引发出来。前面已经说过许多次，到现在为止还没有测量分子簇大小的方法，这是无中生有。“大量的活化氢产生”也是类似的话题。又说到在最后的生成过程中，“波动被飞跃般加强，过氧化离子生成”。

其实最初就相信所谓“波动”的人们，成为了商品厂家的猎物。

> 创生水具有高能量，当拔开浴缸的水塞时，映入眼帘的是与普通水相反的逆向旋转的水涡，从这一点就可以判断出来。凭借它就可以获得不逊色于洗涤剂的洗净力，同时波动水的能力也加在其中。

事实上浴缸的下水塞被拔掉后产生的水漩涡，恰巧在某一条件下，方向是可以改变的，因此不能以此作为判断依据。

笔者曾接受过几件关于创生水的投诉性咨询。这个产品的推销方法最初是免费发放创生水，接着是宣传各种创生水的效果，最后利用花言巧语将仪器推销出去。

就其宣称的效果“将水装入散热器里，可以提高汽车燃料的燃烧效率”，咨询者曾向贩卖仪器的公司要求具体的数据，得到的回答是：“这是公司人员驾车时的感觉。”他们凭借类似的“感觉”就进行“喝了有好处”“清洁力超群”“不用清洁剂就可把车洗干净”“具有分解重油的能力”等一系列宣传。

对用电气石处理过的水也有这样的说明。

电气石有产生静电的性质，当把它与水放到一起时，由于放电，水分子

（H_2O）就会电离出氢离子（H^+）和氢氧根离子（OH^-）。氢离子与电气石的阴极放出的电子结合，中和后形成氢气而释放到空气中。氢氧根离子与周围的水分子结合形成羟离子（$H_3O_2^-$），它是一种表面活性剂，具有还原作用，据说只要是重油就可以被分解。但是，据一位日本国内日本海沿岸某大学的环境化学研究者介绍，在日本海油轮的重油泄漏事故发生期间，其研究室收到了邮寄来的创生水，邮寄者要求“对此水的重油分解效果做一个调查”。结果显示此水根本没有重油分解效果，也就是说，与一般水没什么两样。但是，在商品的展销会上，商家却口头宣称：日本海沿岸的重油油轮发生事故时，此水显示出了对重油分解的效果，并且也被大学认可了。

事实上，创生水无非是通过离子交换树脂除去矿物质而后又通过某些石头或陶瓷的水罢了，只是电气石等含有的物质极微量地被溶解到了水中。其实，水本来就具有很强的洗净作用，即使不用洗涤剂也能把很多污秽洗掉。

制取创生水的家用装置最近刚刚开始贩卖，宣称是“不用清洗剂就可把车洗干净”的装置，并以非常高的价格出售。

五、“只是根据体验”是伪科学惯用的手法

1. 可信度依次为：体验谈＜试管实验水平＜动物实验水平＜人体的临床实验水平

到此为止，作为例子的波动水、磁化水、π水、通过电气石的水，没有关于它们的明确的医学上的临床实验事例，有的只是体验谈。

只有体验谈的商品大部分存在问题。医学上的临床实验数据、科学性的实验结果是否明确地提示出来，是认清并判断伪科学的关键。

那么，具有什么样的实验根据才算合适呢？

试管水平的细胞培养的有效性经常被拿来宣传使用，其实这是信用度最低的。假设今后动物实验的有效性数据得到后，对人体的有效性也许可被证实，然而现在只是刚站在起跑线上，对人体的作用还需人体临床实验来证明。

但是，像这样将信用度低的实验数据展示出来，会给人造成已经被科学所证实的错觉。特别是当这些数据再被贴上教授、研究员、博士、学会报告

等标签时，就更加使人信以为真了。

下一阶段是以老鼠为实验对象得到动物实验数据。它的信用度要比试管水平的信用度高。请注意，动物的脏器与人类的不同，动物实验的数据不可以凭借类推方法被原样应用于人体。

信用度最高的要数人体临床实验数据。即便用老鼠做了充分的实验，没有人体临床实验，在人体上真正会怎样谁也不知道。

2. “安慰剂效果”是什么?

取得人体数据的时候，有必要避开安慰剂效果。某种药物在本应不产生药物作用的情况下，或根据其药理作用不该表现出使病情发生变化的时候，患者的病情却变坏或变好了，这一效果被称为安慰剂效果。一个具体例子就是，在药理学上根本是不具有活性的药物却作为有用的药物而给了患者，如果对患者的有效作用表现出来了，就认为这药起了安慰剂的作用。在内服药中，安慰剂多指用乳糖、淀粉等做成的在形状、颜色和味道上与真药一样的制品；在注射药中，一般用生理盐水等代替真药使用。安慰剂也被称为“让精神休息的药”或“伪药”。给慢性疾病或精神容易受影响的患者使用安慰剂，取得了很好的效果。“有好转”……不管这样的体验有多少，也不是商品的真正效果，其效果很可能类似于“这个……就会很有效果呀”这类语言暗示所起的作用。

3. 进行双盲实验或免疫学调查了吗?

真正临床研究就要进行介入实验。介入实验就是对人施加某种控制的实验。研究者把研究对象分为若干组（两组以上），分别对各组采用不同的治疗方法或预防方法。对这些医疗行为引起的其他健康问题的主要因素进行定量分析，再对全部结果进行比较。

双盲实验的一种就是使用安慰剂和实际药物进行双盲实验。在这个实验中，医生与患者双方都不知道实际药品和伪药（安慰剂）的区别，只有实施实验的第三者知道两者的区别，这就是对药理效果的鉴定实验。

免疫学调查也使用双盲实验法。在免疫学调查中，将人群作为对象，对人的健康或引起异常的原因，从宿主、病因、环境各方面作综合考察研究，力图调查结果有助于健康的增进和疾病的预防。

六、碱性负离子水和抗酸化性唱主角的水

1. 碱性负离子水是怎样的水？

取名为“碱性负离子制水器”的装置可以产生出碱性负离子，它与净水器很相似，但关键结构完全不一样。

碱性负离子制水器的核心部分进行着电解反应。钙化剂（乳酸钙等）溶解在水中，当电解反应发生时，在阴极处就会产生所谓“碱性负离子水”，在阳极会产生“酸性水”。

在阴极产生的碱性负离子水显示出弱碱性。自来水中的阳离子与添加的钙化剂中的钙离子，会与电解反应时产生的氢氧根离子结合。简单地说，实际上浓度非常低的石灰水（氢氧化钙稀溶液）形成了。往石灰水中通入二氧化碳后会产生浑浊，这是石灰水的性质。是不是还记得？在化学实验课上就是用此方法鉴定二氧化碳气体的。

碱性负离子制水器于1965年在日本厚生省[①]登记被认可。有如下功能：

1）碱性负离子水（阴极水）……饮用后可引起慢性腹泻，对消化不良、肠胃内胀气、胃酸过多有缓解治疗功效。

2）酸性水（阳极水）……可以作为酸性收敛剂用于美容。

---

①厚生省是日本负责医疗卫生和社会保障的部门。——译者注

碱性负离子水行业基本上采用以上所说的方法制造水，并给这些水冠以“还原水”“活性酸化水”等名称。这是因为碱性负离子水的“碱性”功效从国民生活中心的测试结果中被看出了问题，自此以后，厂家就把以前打出的“碱性”去掉而换成“活性氧”，并且赢得了人们的关注。这就是事情的真相。

2. “碱性食品有益健康”的说法没有科学根据

大家经常会听到诸如“为了保持健康请多吃碱性食品”“请少食肉类、鱼类和蛋类等酸性食品”的建议。食品产生的酸性或碱性作用，与食品本身是酸性和碱性没有关系。把食品燃烧剩下的灰分溶在水中，如果显碱性那么这个食品就是碱性；如果显酸性，那么食品为酸性。这也从一个侧面揭示出，燃烧中性质的变化会带来问题。因为进入人体的食品，是一点一点地缓慢氧化掉的，不同于燃烧这一剧烈氧化现象。

食品燃烧后的生成物中如含有硫或磷，那么就会被定义为酸性食品。例如，橘子含有的柠檬酸溶于水中会显示出酸性，柠檬酸燃烧后成为水和二氧化碳，柠檬酸就不存在了，而橘子含有的矿物质成分（如钙和钠等）则使橘子成为了碱性食品。橘子和梅干等虽然很酸但却被划分为“碱性食品”，就是由燃烧后的性质决定的。

被说成是酸性食品的有米饭、面包、面类、肉类、鱼类和蛋类等。被说成碱性食品的有蔬菜、水果和海藻类等。

认为“碱性食品有益健康”，是基于“如果血液偏酸性，就会损害健康导致疾病”。这是很久以前的观点了，现在已经弄清：这种观点是没有根据的。

实际上，健康人的血液是中性稍微偏碱性的（pH为7.4左右）。它与吃什么样的食品是没有关系的。正常情况下，它保持在一定范围内，依赖肾脏和肺的功能，对血液的酸碱性进行有效调节。即使吃了酸性食品，血液也不会偏向酸性。

但是现在，在商品的宣传上，为了使饮品和食品吸引消费者，不断地宣扬“因为是碱性食品所以对身体有益”，导致对内情不知道或不很了解的人完全被周围宣传的阵势所驾驭。

3. 来自国民生活中心的质疑

为了销售碱性负离子制水器，厂家进行着夸大的宣传：“碱性负离子水

对健康有益”“喝了就可以将病治好”“酸性水可以治愈皮肤过敏症”等。与此同时，向国民生活中心投诉或咨询的案例相继出现。国民生活中心对商品进行了检测，于1992年10月公布了检测结果。

在中心的检测报告中，对负离子水的疑问显现了出来：

1）抑制胃酸的效果不理想，为了达到一袋肠胃药所具有的中和胃酸的功效必须喝10～20升的水。

2）据称含有钙离子，其浓度大约是原水的2倍，是牛奶含有量的1/40～1/20。但当容器壁上有附着时，有时比原水中钙离子的浓度还低。

3）酸性水的杀菌作用基本没有。

尽管根据药事法的规定，有些功能、效果得到了承认，但是，他们用夸大的广告宣传已经得到确认以外的功能。日本厚生省收到国民生活中心的检测结果，同年（1992年）10月，对毫无约束的碱性负离子制水器发出了通报，通报的内容包括“可以治愈高血压、皮肤过敏、阿尔茨海默病，对癌症也有效果，可以改善体质，含有很多现代人容易缺少的钙离子”等很多内容是“违反药事法、虚伪或夸大的广告宣传”（厚生省的通报原文），从一般消费者卫生保健的视角看，碱性负离子制水器也是有问题的。后来在1996年2月，曾发生过通信贩卖公司因为大力宣传酸性水“可以治疗皮肤过敏症”而违反药事法被福井县警方处理的事件。

4. 正确的摄取方法是非常重要的

另外，碱性负离子水行业也曾提供资助，推进对碱性负离子水效能的研究。

国立成育医疗中心与滋贺县医科大学的研究组进行了实验，让有慢性腹泻、便秘、肠内异常胀气、消化不良、胃酸过多等症状的患者25人，每天饮用pH为9.5的碱性负离子水1升，连续2周，结果有88%的患者症状有所改善。进一步又以163人为对象进行了双盲实验，结果显示对较轻的症状有明显的改善效果，改善慢性腹泻和便秘的效果得到了确认。

在这里需要提醒注意的是：每天坚持饮用会对比较轻的肠胃症状产生缓慢作用。但采用饮用水治疗方法前，要正确判断自身症状是否是适用病症。碱性负离子水制水器协会提醒消费者：此方法并非对所有的肠胃病都有效。

5. 活性氧是什么？

为了理解“抗氧化性”就要对“活性氧”有所理解。

地球上的生物，最初不需要氧就可以从有机物中得到生存所需要的能量。在地球从诞生直到距今二十几亿年前的那段时间，大气中没有氧，只有氧化物。

在这样的地球上，植物群落诞生后，光合作用使大气中的氧渐渐增加起来。随后，产生了吸收氧并从有机物和氧中取得能量的生物。在有氧的情况下，从有机物中取得能量可以是没有氧时的几倍。正因为这个原因，呼吸氧气的生物爆炸式地进化开来。

进一步发展，大气中因为氧的存在而形成了臭氧层，对生物有害的紫外线可被臭氧层吸收，这使地球环境发生了极大的变化。接着，生物中开始出现了从海中转移到陆地上的物种。在此前，紫外线直接照射到陆地，使生物无法在陆地上生存。

但是，呼吸氧气后，细胞中有机物与氧气发生反应，会产生可怕毒素。有机物与氧发生反应也产生了可与其他物质发生激烈反应的活性氧。

6. 活性氧被怀疑是导致人体老化的原因

我们每天在生活中经常可以看到的化学变化，很多是与氧有关的。空气中的燃烧和铁生锈的现象就是典型的代表；旧报纸和书页变黄也是纸中的木质素与氧结合变成了具有其他颜色的物质；削了皮的苹果变红的原因也是因为氧。这些都是与氧发生了化学变化引起的。

这些氧在体内形成活性氧。活性氧在化学上定义为“高反应性的氧分子或氧原子”。但是，最近一些属于含有氧原子的低分子化合物且具很高反应性的各种各样的物质也被称为活性氧。

通过呼吸进入体内的氧分子（由两个氧原子结合而成），在各种各样的反应过程中，形态容易发生变化。氧原子得到一个电子后就成为了超氧阴离子，再得到一个电子后又变成了过氧离子，得到第三个电子后就成为了羟基自由基。还发现了诸如单重氧、脂质自由基和过酸化脂质等其他自由基形式的不同类型的活性氧。

活性氧最让人不放心的是它与细胞膜的脂质发生反应，会使脂质变性，这就是被认为导致老化现象的重要原因之一。而且，与遗传因子反应后，扰乱遗传因子机能，可能导致癌变，不过这是罕见的。

活性氧的正面作用也是有的。超氧化物可以积极地促进人体内免疫细胞的形成，当细菌侵入人体后，免疫细胞就会将细菌杀死。

7. 人体具有防御活性氧的机能

对于活性氧的有害作用，人体本身具有很强的防御机能。其中酶就是很重要的物质，包括：①超氧化物歧化酶（superoxide dismutase，SOD）。②过氧化氢酶（catalase）。③谷胱甘肽过氧化物酶（glutathione peroxidase，GPO）。

超氧化物歧化酶（SOD）可以使超氧阴离子与氧反应形成过氧化氢，过氧化氢酶可以将过氧化氢分解成水和氧，谷胱甘肽过氧化物酶（GPO）可以使细胞膜等产生的过氧化脂质非常迅速地分解成无害的化合物。SOD发挥作用时要用到锰、铁、铜和锌元素，而GPO要用到硒元素。

除了酶，其他化合物也可以除去活性氧，而且种类很多。在生物体内，维生素C、维生素E等也担当着这个职能。

在试管实验用到的化学试剂中，用来除去活性氧的化学物质也很多，像多酚等。但这些物质在生物体内是不是像预想的那样充分发挥作用，还是需要好好研究的。

8. “活性氧=坏角色”是断然下结论的宣传手法

当身体处于正常的状态时，活性氧也在产生，被用来杀死侵入体内的病原体，这一点是不能忘记的。也就是说，身体内完全没有它是不行的。而且与SOD等各种酶、维生素C、维生素E等的反应，也会除去不需要的活性氧。借助强调“除去活性氧”“抗酸化”“还原作用”等来推销食品时，往往简单地把活性氧树立成一无是处的坏角色。至于这些食品是否果真在体内起着很好的作用，并不是非常明确。而且，即使在实验室内这些食品有上述作用，也不代表在人体内有同样的作用，这还需要今后深入研究。

9. 从β–胡萝卜素得到的教训

像这样将活性氧作为坏角色，以此来强调某些水的效能的商业手法，以后也仍会出现。但是，在将活性氧作为坏角色这一点上，不要忘记在对β–胡萝卜素进行研究时得到的教训。

根据免疫学调查结果，研究人员推测蔬菜水果之所以可以预防癌症，可能是其中含有的β–胡萝卜素在起作用。在细胞水平上的研究也表明β–胡萝卜素可以抑制活性氧，动物实验也证实β–胡萝卜素对致癌物质的有害性有抑制作用。根据大量的科学数据，研究者确信：β–胡萝卜素确实有预防癌症的效果。

在20世纪80年代，开始进行数万人参与、用时约五年以上的“介入实验”。其中美国的结果显示，在18000名具有患肺癌风险的吸烟者中，每日服用β–胡萝卜素和维生素A的人比每日服用安慰剂的人肺癌发生率和死亡率分别高出28%和17%（请注意：是“高出”）！由于这个结果，实验中途就停止了。与此同时，在别的介入实验中还得出了“有预防效果”或“没有害处”的结论。

β–胡萝卜素具有抗氧化性，从细胞水平到动物实验研究的很多结果都证实了这一点，人们都很相信这个结论。与之关联的食品可算是健康食品中的“优等生”，但是最可信的印证其效果的人体实验却得到了癌症的发生率增大的结果，这完全是出乎意料的。

10. “碱性负离子水可以消除活性氧”是真的吗？

就方法而言，碱性负离子水或碱性阴离子水的制作方法是相同的，但在碱性负离子水行业中，被冠以“还原水”、“活性氢水”等名称的水却越来越多。

对于碱性负离子水至今为止一直强调的“碱性”效果，像前面叙述的那样，国民生活中心的检测结果对其效能产生了疑问。于是，后来在这些产品的宣传中，厂家转而强调消除导致疾病与老化的活性氧。这样的厂家在不断增加。

消除活性氧的物质被定义成具抗氧化作用（也就是有还原性）的物质。茶对身体有益的理由之一就是它含有名为茶酚的多酚，可以消除活性氧。多酚和维生素C都被认为是抗氧化物质。

每天饮用含有抗酸化物质的水，将体内过剩的活性氧消除掉，这是有可能的。

九州大学的白佃实隆教授根据实验结果，认为碱性负离子水（还原水）中存在活性氢（原子态的氢），它可以消除活性氧。活性氢的存在还没有得到确实证明，即使在试管实验中有所说的消除活性氧的作用，也不能证明进入人体中这个结论仍成立。现在，白佃又开始说天然水中含有活性氢。

目前，关于活性氢的话题虽然呈现了一人独走的状态，但是有些商家就像真的存在活性氢一样进行着宣传。对健康是否真正有好处都还没搞清楚，却进行着好似对万病都有治愈作用的宣传，“体验谈”就像车队一样开过来。

白佃在所著的书中声称从“活性氢水制造器”（它的构造机制与碱性负离子水制造器相同）中出来的水，其分子簇变小了。笔者认为，单凭“分子簇变小”这一叙述，就可断定书的内容是不可信的（前文已论证）。

七、别被荒诞的水营销行为欺骗

1. 民众对自来水水质的担忧，是滋生一系列荒诞的水营销行为的原因

通过电气石或陶瓷的水、电子水、离子化钙水等的说明书中，随意充斥着科学用语。事实上，除去这里列举的，类似的水商品还很多。关于这些水的作用，既没有医学临床实例，功能也不是非常确切。通观这些水商品的宣

传用语，“水被活性化”“水的分子簇变小了”……都是在强调没有被科学所验证的推想，人们被不负责任的“喝了就会对健康有益”的宣传所愚弄。

对自来水的担心是各种水商品产生的背景。那么我们就需要向负责自来水的部门提出努力改善自来水水质的希望。

在自来水水质不好的地区，对自来水先进行加热煮沸，再让水通过装配有活性炭和微米孔过滤器（中空丝膜）的净水器，而后再饮用，就是很好的办法。详细情况将在第五章说明。

2. 不要被“圣经书”（Bible）商业推销手段蒙骗

在书店里的健康、医疗图书角，很多与水商品有关的书陈列在那里，实际上其中真正有用的书很少。

将广告的功能巧妙地移植到书中，收录某些有特定功能的健康食品或健康方法的效果、理论、体验谈等内容，并对此大加赞赏，这样的书被称为“圣经书”。出版这些书实质上是避开《药事法》的一些规定替代正规广告对商品做宣传，其中引人注目的是名为“××水可以治病”的书。这种营销方法被称为“圣经销售法”。

这些书中没有根本的治疗方法，很多是针对受着病痛折磨的晚期疾病的患者，使他们产生“也许会有作用”的希望。报纸头版的下部经常罗列着这些圣经书的广告，使某些特定健康食品和健康法得到大力的宣传。以下是与水相关的圣经书的共同特征：

1）大力宣传万能性（不管什么疾病都有效）。

2）大力宣传癌症及过敏症等疾病被治愈的体验谈。

3）采用医师、医学博士、大学教授等的推荐等。

购买这些书的人都是希望自己更健康或是对自己的健康状况比较忧虑的人。圣经书就先设置一些增加忧虑的陷阱，而后列举解决方法和体验谈，使读者对书中推荐的健康食品和健康方法抱有希望。

著者即使署名是某大学教授，但实际上很多书是由“枪手”完成的。至于体验谈，曾被人揭发完全是捏造的。

有调查发现，与水商品有关联的某些博士，其博士学位其实是从美国学位贩卖者（某些大学机构）那里买来的。在健康食品业，这些圣经书的作者有很多是拥有这种假学位的。

在很多圣经书中，在卷末等处登载有健康食品贩卖公司、医疗机构、健康法发明人的联系方式。这些内容很难说完全是虚假的，但一般来说，相关商品都是很昂贵的，有效性很差。

说到水商品的情况，其实在世界范围内，日本的自来水和可饮用地下水的安全性是很高的，以此为原水的水商品当然很难引起一些负面作用。

八、东京都对活水器的调查和检测报告

1. 法律上还没有对活水器制定规格标准

以上列举的可制作磁化水的器具，用电气石或陶瓷过滤水或接触水的器具等都被称为活水器。据称这些器具可使水得到活化。

这种器具与日本工业规格（JIS）中界定并有规格要求的净水器不同，它还没有正规的规格基准。其中有的装置将阴离子制水器机理拼进它的功能里，之所以被认定为净水器是因为它的净水部分符合日本工业规格中对净水器的要求。对于活水器，法律或行业中还没有明确的定义。

2. “不能认定活水器是以客观事实为基础研制出来的”

在这里就让我们看一看，东京都生活文化局在2005年2月发表的题为“从科学的视点考查有关‘活性水’的说明书”的报告。

考查对象是以下五类活水器：

1）商品A：利用磁性和远红外线的活水器。

2）商品B：利用各种陶瓷过滤水的活水器。

3）商品C：利用各种陶瓷、矿石和磁石的活水器。

4）商品D：利用磁性的活水器。

5）商品E：利用磁性的活水器[①]。

被宣传的活水器的效果、性能主要具有以下几点：

1）对水的结构的效果：使水的分子簇变小。

2）对水的各种性质的效果：水变得很奇特，口感变得柔和；除去水中

---

①原文中商品D、商品E均为“利用磁性的活水器”。——译者注

含有的有害物质；抑制霉臭。

3）活性水带来的效果：用此水焖饭，饭会变得好吃；会使咖啡、茶和兑入活性水的酒更好喝；用于洗蔬菜能很好地清洗掉农药；有利于植物的生长，使鲜花保鲜时间更长；作为洗澡用水可防止水垢生成，利于身体出汗；用来洗衣服时，可节约洗涤剂的用量。

针对以上商品进行了如下调查工作：依据对赠送品上印有的说明文字，要求经营者提供对说明书中内容的解释资料；听取专家的意见，从科学的视点对说明书中的内容进行考查；说明“水变得好喝”等效果的根据。

但是，调查的结果表明，“自来水的味道和性质变化了”“使米饭好吃了，茶水好喝了”等说明书中明示的内容，并没有可以作为根据的客观事实。

于是，此报告对消费者提出如下建议：

> 此次作为调查和验证对象的有关活水器的效果、性能的说明书的内容，乍一看，好像具有科学根据，实际上却找不出可作为其根据的客观事实。
>
> 不仅仅是活水器，很多商品说明书中的内容乍看都好似有科学根据。因此，不要对经营者提供的信息不加考虑地接受，要多方面收集信息，必要时向东京都消费者生活综合中心咨询，合理地选择商品和服务。

3. 消费者对活水器的抱怨

在这个报告的附录资料“与活水器相关的消费生活咨询状况”的栏目中，对与活水器相关的咨询事例（关于商品的效果、性能等）作了介绍。

＊我（一位消费者）以为来人是住宅楼房的管理公司的人，所以让他们进来了，原来他们是推销员。他们将药剂分别放入自来水和通过活水器的水中，自来水变得有些黄，于是我被告诫这种水对于家庭成员的健康不好。

＊推销员打着检查加热器的旗号来到家中，极力推荐可使水变得柔和、变为碱性水的活水器。于是我就签了购买合同，但是费用太高，现在想解约。

＊推销员以对洗涤剂作询问调查为由来访。滴出的药液使自来水变成粉色，用指头搅和后颜色就消失了，于是就说“氯就是这样被身体吸收的”。当时我非常地不安，于是就签了购买合同，现在想解除合同。

＊在入户推销售卖时购买了据说可使自来水离子化的活水器。介绍上说

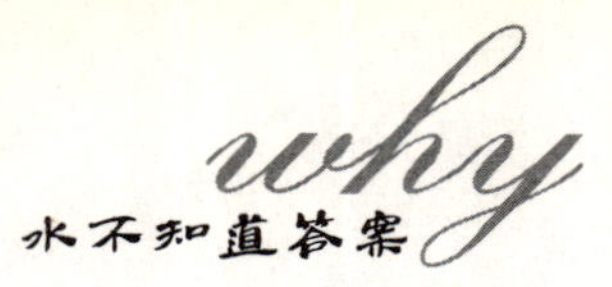

它可以防止生铁锈、有益健康等。我对于这些效果抱有疑问。关于离子化和所说的其他效果有没有判定的检测方法?

* 推荐的磁性活水器的宣传册上标有可防止生锈、去除残留氯、对健康有益等内容。真的有这些效果吗?

* 推销员说通过活水器的水好喝，又给我们冲了茶和咖啡，孩子们喝了后都说茶水变得好喝了，于是我就签了购买合同。但发现费用太高，想解除合同。

* 妈妈被推荐了负离子活水器而非常想得到它。我对它的“可借助表面活性化洗掉脏物、降血脂使血液变得流畅、可除去活性氧”等说明表示怀疑。

* 被网上活水器贩卖的推销所劝导。想知道它的信用度。具体说就是：碱性负离子水对身体有益以及医学会、美国卫生相关协会、日本皇室等都承认活水器的性能的事情是可信的吗?

* 推销员夜间来访，长时间听了他对活水器的说明。内容是关于氯仿可以被100%除去、性能比净水器好得多等内容的说明。我被说服了，签了购买合同。营销人员把活水器安装好回去时已是第二天凌晨一点半了。现在我想解约。

4. 要对恶劣性质的入户推销提高警惕

这些实例中出现的制品，其效果与东京都生活文化局的验证结果一样，笔者不推荐其中任何一种。不夸张地说，这里列举的事例还只是冰山一角而已。

净水器或活水器的入户推销行为经常可以看到。

事实上，向自来水中滴入试剂后水变成黄色或粉色，这是试剂与残留氯的反应引起的。自来水中如果没有氯残留，就有被病原体污染的可能。残留氯的存在是当然的事了。

在自来水中插入铁和铝电极，就会观察到其周围慢慢地显现出茶色的着色过程。这是在推销反渗透膜法净水器时进行的演示。自来水中由于存在矿物质，会产生电流流动，造成电极物质溶解下来。反渗透膜法净水器可以除去矿物质成分，即使用电极通电后也不会产生电流，电极上自然也就没有物质溶解下来。

自来水借助磁力和静电力离子化也是虚假的东西。

产生负离子的活水器完全是因为利用了电气石。

笔者认为推销员的这些推销行为是非常恶劣的。

* * *

净水器或活水器经常是通过入户推销、网销的形式被销售的。因为几乎没有与各种制品进行比较的机会，所以很多人不知其确切价格，商家就以高出正常利润很多的价钱贩卖。而且，不管如何，使用的装置没有科学根据。但是由于采用的是世界上安全性很高的自来水做原水，或是自来水多少通过活性炭等过滤后才饮用，引起疾病、使身体感觉不适等问题极少出现，因此，消费者即使被欺骗也不会意识到。

我们的身体与水

第三章

一、人体每天摄入和排出的水量

1. 人体每天需要摄取2.5升水

我们每天直接饮水或通过摄取食物中的水分而获得人体需要的水，这些都是通过口进入身体的。另外，又通过汗与尿等将一部分水排出体外。到底有多少水进入和排出人体呢？

很多研究表明，成人（健康男子）一天需要摄取2～2.5升水。具体来说分为：

1）直接饮用约1.2升水。

2）通过食物摄取约1升水。

蔬菜和水果的成分几乎都是水。黄瓜、白菜、芹菜和西红柿95%以上是水；茄子含水94%；白萝卜含水93%；西瓜含水90%；南瓜含水89%。单从食物中就可以摄取许多水分。

2. 人体本身每天可产生0.3升水

我们摄取的食物在体内被消化和吸收，消化的营养成分和氧随着血液被运给体内的细胞。营养成分与氧反应产生能量，我们就是靠着这个能量生存的。在产生能量的过程中，也产生了水。养分中的氢元素与氧元素生成水，碳元素与氧元素生成二氧化碳。即：

营养成分+氧气→能量+水+二氧化碳

三大营养素有蛋白质、脂肪和碳水化合物。100克蛋白质可产生39毫升水，100克脂肪产生106毫升水，100克碳水化合物产生56毫升水。

身体每天摄取的水合计约2.5升。

3. 一天排出体外的水有多少？

通过尿液排出体外的水量是最多的，大约有1.5升。

其次是通过汗和呼气（水从肺里“蒸发”出来，通过呼吸排出体外）等排出的水，大约有1升。具体分，汗约有0.6升，呼气约有0.3升。这里的汗不是指运动和夏天炎热时出的汗，而是不感性的汗（不感蒸发[①]）。另外通过粪便也有约0.1升的水排出。

排出体外的水分总量大约合计为2.5升。

摄入和排出的水量相当，维持着体内水分的平衡（见下表）。

人体一天摄入和排出的水量

摄入	排出
饮水1.2升	尿1.5升
食物中的水1升	汗0.6升
体内产生的水0.3升	呼气0.3升
	粪便0.1升
（一天摄入水量约2.5升）	（一天排出水量约2.5升）

二、水在人体中扮演的角色

1. 成年男子体重约60%都是水

我们身体中水的比例，成年男子约为60%，女子约为55%。

男女含水比例不一样是体内肌肉与脂肪的比例不同造成的。当然，一般来讲，男性的肌肉多，脂肪少。女性担当着怀孕和生育的重要任务，为了保护腹内的胎儿和重要的脏器，骨盆周围的皮下脂肪像海绵一样厚，比男性有更多的脂肪。

人体的肌肉组织中水占75%~80%，脂肪组织中水占10%~30%，因此脂肪少、肌肉组织发达的人，其体内的水分占的比例更大。

婴儿的身体中水分约占80%，发育为成人时变为55%~60%，到了成为爷爷奶奶时体内水分减少，60岁时就变成了只占50%（见“人体中水所占的比重”图）。

婴儿的皮肤非常细嫩，而老爷爷老奶奶的皮肤布满皱纹，这是水分含量不同造成的。

①不感蒸发，也称不显汗。人体的水分由机体蒸发，除发汗外，还可以由皮肤和呼吸道黏膜进行，后两者称为不感蒸发。不感蒸发是一种不间断的基本水分的损失，表皮细胞间隙中组织液的水分直接透过皮肤而蒸发掉就是皮肤的不感蒸发。——译者注

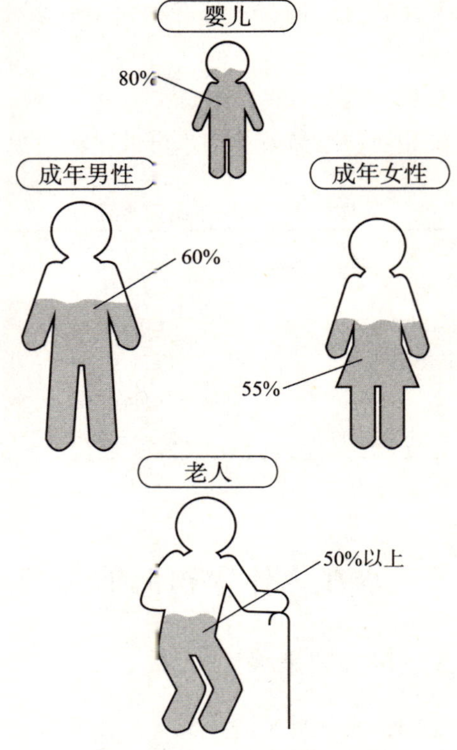

人体中水所占的比重

含水分60%是什么感觉呢？

请想象一下毛巾的情形。“毛巾完全浸透了水，但水不是滴答、滴答地往下滴淌”，这个状态就是含水60%。但是人体中的水不会像毛巾中的水那样滴淌下来，因为皮肤把水牢牢地封存在人体中了。

那么，占人体60%的水在人体的哪些地方呢？生物体是由细胞组成的，细胞中含水70%以上；流淌在组织与组织之间约占人体19%的血液，其80%的成分是水。

2. 水在人体内一刻不停地循环着

我们人体从口到肛门由管道连接着，这个管道就是消化器官。

食物进入口中，与唾液混合通过食道进入胃中与胃液混合。在胃下面的十二指肠中与胆汁和胰液混合。随后进入小肠，在小肠中与肠液混合，同时也与身体中分泌的各种液体混合，进一步被消化，营养成分在小肠里被身体吸收。

那么，饮用的水、食物中的水、身体中产生的液体（基本都是水，每天产生8升以上）中的水，在哪里被吸收呢？

水是经过很长的小肠进入大肠后被吸收的，大肠是在肛门和直肠的前面。在大肠里，每天要有10升以上的水被吸收。具体来说，包括每天直接饮用的水和食物中含有的2升以上的水。还包括身体向消化器官排出的8升以上的水。

体内循环的水可以溶解各种物质。在身体内流动循环的同时，将营养成分和氧带给细胞，将代谢的废物带出体外，这就是水的重要功能。

3. 水可以运输营养成分和代谢废物

积存的对身体有害的代谢物必须在一个地方进行分离去除，这个地方就是肾脏。

每天通过肾脏的水量，多得让人吃惊，达180升。用1升的瓶子装，需要100多个瓶子。体重60千克的成人，体内的水分还不足40升，可见人体需要与体外进行数次水循环。

通过肾脏的水，一部分携带着体内的代谢废物形成尿，但它只是通过肾脏的180升水中的1.5升。

水在体内担当着营养的消化、吸收、搬运和代谢废物排出的重要任务。而且，水是营养成分和氧气的搬运者，也是进行化学反应的场所，并且还是体温和渗透压的调节者，可见水是我们生命中不可缺少的重要物质。

4. 水可以调节体温

水还有一个重要的作用就是调节体温。

水具有容易加热而不容易冷却的性质。因为水占身体的60%以上，所以外界的气温变化不会使体内温度（体温）的变化太大。

不仅如此，水从体表蒸发还可以起到调节体温的重要作用。水一般呈液态，但蒸发后变成气态。液体变成气体时，在液态中连接在一起的水分子就需要分散开来，因此，液体需要获得热能。液体变为气体时需要从周围吸取热量，而使周围得到冷却。这个热量被称为汽化热或蒸发热。水从体表蒸发时，需要从身体里得到热量，这就控制了体温的上升。

如果没有体表蒸发那会怎么样呢？体温的上升得不到控制，直肠内的温度会超过40℃，使人全身脱水而死亡。

5. 如果没有水，人可以活多久？

健康成人身体的60%是水。据说人如果丧失20%的水，就会死亡。一个体重60千克的人，身体中的水分占36千克，如果失去其中的20%也就是7.2千克，就不可能生存了。

因此，宗教等活动进行修行——禁食的时候，可以不吃食物但要喝水。有统计数据表明，什么都不吃只要喝水就可以活上2～3周。可见水对于生命是非常重要的物质。

6. 脱水症和中暑

汗等体液不足就会使人陷入脱水状态，依据程度不同可表现出不同的脱水症状。

如果人体失去约占体重2%的水分，会出现口渴、不快、紧张、食欲减退等症状或精神错乱；如果失去约占体重10%的水分，会引起肌肉粘连；失去体重10%以上的水分时，会丧失意识；失去体重20%的水分时，就达到了生存极限。

中暑经常发生在酷暑中烈日下的汽车里，或进行剧烈运动和高强度劳动时，此时人体接受外界的热量，但体内的热量不能向外排出，会造成意识错乱，最后昏迷以至于死亡。

在炎热天气进行运动，如出现下列症状，就有可能是中暑了。

1）不能像平时那样行动。

2）身体从里面就感到乏力，什么也不想干。

3）身体感到沉重、乏力，人发呆发愣。

4）耳边“嘤嘤”作响，听不清周围人的声音。

5）脚或肌肉疼痛、发麻。

6）感到恶心，想吐，摇摇晃晃站不稳。

7）头晕眼花。

不管是身体外的热量，还是身体内的热量，要使这些热量散失就需要出汗。

出汗时，水的汽化热可以使身体的温度降下来。出汗多的时候，每小时可排汗1～1.5升。汗的水分都是血液中的水分。血液中的水分以汗的形式排出后，脑、肾脏或心脏等重要器官中流动的血液会变少。流入肾脏的血液变少后，尿的颜色会变重，尿的绝对量也会变少，输尿管就可能阻塞造成肾功能不全。

进一步发展，中暑严重后，溶解于肌肉血液中的名为肌球素的蛋白质会在肾脏的肾小球中阻塞，这样就导致了无法医治的肾功能不全。同时，流向脑和心脏的血液减少，导致人意识模糊，发生痉挛，心室颤动，心脏突然停搏，致使死亡。

运动中数秒的眼前发黑，伴随着肌肉痉挛的疼痛，这些就可以认为是轻度中暑的症状。此时应先解开衣服，到凉快的地方去休息。然后用冰或电风扇降温冷却、送风。接着喝含盐和糖的水，补充因大量出汗而失去的盐分和糖分。当然，有意识不明等严重中暑症状时，必须及时拨打急救电话。

7. 摄取过量的水会导致水中毒

2007年7月1日，美国加利福尼亚州的FM广播局举办了“疯狂饮水大会”，参赛的28岁女性选手赛后因水中毒而死亡。这位女性在5小时内饮用了8升水，她在回家的途中说“头很疼”，回到家中就死亡了。

水中毒是一种由于大量饮水造成血液稀释而引起低钠血症的疾病。肾脏所具有的最快利尿速度是16毫升/分。超过这个速度而大量饮水，就会造成水中毒。加利福尼亚州的事件是由于急性低钠血症引起脑细胞水肿，导致了头剧痛等中枢神经系统的机能障碍。

三、水与减肥

1. “大量出汗可以减肥”是错误概念

人体大量水的摄入和排出可以引起明显的体重变化，这没错，因为人体的60%都是水。一个人饮用1升水，体重会增加1千克；排出500毫升尿，体重会减少约500克。

在室内做剧烈运动时，体亘会减少2～3千克。这是因为身体失水。

但是这样的体重变化可以称为减肥吗?

真正意义的减肥是以减少身体过剩脂肪为目的的，身体内水分减少而引起的体重减轻并不是医学意义上的减肥。所以靠大量出汗减肥的方法是不正确的。穿上风雪衣那样的桑拿服慢跑，或在想减肥的身体部位缠上塑料薄膜使其大量出汗，这些减肥方法只是由于出汗造成局部失水而达到减肥效果，但这些都是一时的效果，水分得到补偿后就会恢复原来的形态。

人如果不正常饮水，会损害健康。靠出汗使体内水分减少而减轻体重的结果只是使身体变成了“干渴”的身体。

2. 减少摄取的能量，增加消耗的能量

使用利尿剂排尿减肥也是同样道理。利尿剂的排尿作用的确可使体重短时间减轻，但这只是使身体变得“干渴”而已，脂肪成分根本没有减少，用此方法进行的减肥没有实质意义。相反，还会扰乱体内电解质的平衡，引起心律不齐、全身倦怠、乏力等不良反应，这些都是非常危险的。

当细胞内产生能量时需要利用体细胞使脂肪细胞变小，这才是使身体变瘦的减肥。减肥的关键是要在保持摄取食物营养平衡的同时减少能量的摄取。只有使消耗的能量大于摄取的能量才能减肥，除此以外没有其他方法。如果采用错误的减肥方法，只会使肌肉变得衰弱。因此快步走等形式是值得推荐的。

3. 饮水有减肥效果吗?

“××减肥法”已在我们的生活中蔓延开来。高桥久仁子（群马大学教育学部教授）把从1989年“奶粉减肥法”开始而一发不可收拾的“××减肥法”按1986—1990年、1991—1995年、1996—2000年分为三个阶段，对“××减肥法”在三种健康杂志上做的广告进行了调查并出版了图书《食品神话的陷阱》[①]。

---

①由日本讲谈社于2003年出版。

开始的五年，只有三种减肥法（奶粉减肥法、西红柿减肥法、饮水减肥法）的广告。在之后的第二时间段中，有70种减肥法的广告登场。

尽管几乎所有这些减肥者的挑战都归于失败，为什么还有各种各样的减肥法，每年，不！是每个月被推荐出来呢？如果公认的减肥方法真的存在的话，那么，类似这样一个接一个变换的商品和一个接一个的减肥方法本应消失了。或者是，虽然一时间减肥成功了但接着就又有了反弹。在肌肉减弱的情况下，反弹时增加的只是脂肪，这导致身体比减肥以前还要糟糕。

在上述三个时间段中，只有饮水减肥法经久不衰。如下是最受欢迎的方法——吃饭前先喝3～4杯水，或者吃饭时吃一口饭喝一口水。很简单也容易做到。

水含有的热量是零，所以即使喝水脂肪也不会增加。但是水可以产生饱腹感，从而抑制食欲，而且可以促进新陈代谢。

这时往往就有“饮用的水是××矿泉水为好”、“××茶水为好”、“负离子水为好”等宣传出现了（笔者认为，“负离子”“分子簇变小”“具有电气石能量”等水商品是充满伪科学的东西）。

依靠增加饮水量来减少食物量从而减轻体重，但水冲洗了舌头上的味蕾，又使食物美味倍增而加大了超量进食的可能性。

这种饮水减肥法的致命弱点是“可以大胆地让汗出来，但是体臭也会伴随而出”。①

中间休息时，喝一些水等无糖的饮料来避免吃零食，吃饭时喝水增加饱腹感来使饭量减少，都有利于减肥。

不管怎么说，减肥的王道（正确方法）是“运动，在防止肌肉衰弱的同时减少摄取的能量”。就像吃生鱼片时伴随的清口小菜，饮水法只能作为它的辅助方法。

---

①引自加藤一子的《糊涂的减肥法》，日本文化社1998年出版。

好喝的水到底是
什么样的水?

第四章

一、冷却后的水好喝

1. 如果世界只是一个拥有100人的村庄

世界有60多亿人口。如果将它缩小成只有100人的村庄，那会是怎样的情形呢？这就是有名的“如果世界是100人的村庄”的话题。如果把世界缩小到一个村庄的大小，那么就会容易明白世界是什么样子了。

说到水，又会怎样呢？100人中会有17人喝不到清洁安全的水。

幸运的是日本在可以喝到清洁安全水的范围内。尽管如此，面对各种饮料水的宣传广告，不知该对自己日常生活中经常饮用的水作何评价，对它抱有担心的人仍然很多。我想很多人都会对安全的水、好喝的水、健康的水很关心。特别是对自来水抱有很大担心的人有很多。关于自来水，我们另辟一章来讨论。

2. 要使水好喝，首要条件就是清凉

首先，关于好喝的水是什么水，让我们思考一下。

平时总是饮用自来水，就觉得井水和泉水非常好喝。将自来水放入冰箱，夏天10～15℃，其他季节8～10℃，进行冷却，然后再喝喝看——会感到冷却的自来水很好喝。这是因为当水被冷却后，人就感觉不到水中氯的气味了。因为凉爽感使人的味觉变得迟钝，对味道和气味不在意了。

实际上人感到井水和泉水好喝，也是这个原因。

水好喝与否，水的温度是非常重要的因素。即使是不太好喝的水，将其冷却一下，也会变得不那么难喝了。

自20世纪60年代后期开始，自来水的霉臭和氯臭等问题凸显出来，各地都有“自来水不好喝”的抱怨，对此，日本厚生省

成立了美味水研究会。该研究会于1985年4月发布了“美味水的条件”（见下表），其研究结果也把温度列为美味水的首要条件。

厚生省美味水研究会发布的“美味水的条件”（1985）

水质项目	美味的条件	摘　要
水温	20℃以下	夏天，水温升高后觉得水不怎么好喝了，将水冷却后再喝，就会觉得好喝多了
蒸馏后的残留物	30 ~ 200毫克/升	显示矿物质含有量。其含量多时水的口感苦涩；含量适当，水的口感柔和
硬度	10 ~ 100毫克/升	显示矿物质成分中含量较多的钙和镁。硬度低的水无可挑剔，但硬度高时人们对其口感的评价即毁誉参半。钙与镁相比较，当镁含量高时会增加苦涩的口感
溶解二氧化碳	0 ~ 30毫克/升	可增加水的柔和性，但含量高了就会使人感到有刺激性
高锰酸钾消费量①	30毫克/升以下	用来显示有机物含量。量多时会使水口感苦涩，并影响氯的使用量，损害水的味道
臭气强度指数②	3以下	由于水源的不同，各种气味进入水就会使水变味
残留氯③	0.4毫克/升以下	可增加水的氯臭味，当浓度大时，水变得很难喝

①高猛猛酸酸钾的用量表示自来水中有机物的含量。

②一般人感觉不到气味的水的标准。

③一般人感觉不到含氯的浓度。

二、为什么感到自来水不好喝?

1. 氯臭和霉臭的原因

首先，水确实有好喝与不好喝之分，特别是自来水。这是由氯臭和霉臭两个原因造成的，感到不好喝的最主要原因是气味。

氯气的气味是因为自来水在净化过程中使用了氯。当用不很清洁的原水生产自来水时，就需要使用更多的氯，水的口感也就更差。但并不是用了氯的自来水就都有氯的气味，残留氯为0.4毫克/升的自来水是不会使人感到氯气味的，但在0.5 ~ 1毫克/升的浓度时就会使人感到氯的气味。

至今为止，氯臭被认为是由于氯的气味造成的，其实它是原水中含有的

氨与氯反应后生成的物质造成的。原水被弄污会含有很多氨，分解它需要用到大量的氯，所以氯臭会被饮用者明显感到，使水的口感变差。

2. 自来水口感好和不好的地域

在家庭用的自来水中，要求氯的残留量为0.1毫克/升。在原水很清洁的情况下，不需要用氯杀菌和分解杂质，也就不会有产生氯臭的化合物形成。

在用泉水或优质地下水作为原水的地区，会用少量氯来杀菌，自来水中的残留氯为0.4毫克/升。这个浓度不会令人感觉到氯臭，所以水中即使含有氯，口感也仍然较好。

在没有河流等活水的地方，只好采用湖泊、水库等封闭水域中的水作为原水，霉臭的气味就会成问题了。

在湖中或水库中，当藻类等随处生长时，以藻类为食物的微生物会增长起来。这些微生物会产生释放霉臭气味的物质。

三、在国外身体感到不适是水的原因吗?

1. 含有适量二氧化碳和矿物质的水很好喝

除了温度和气味的因素，溶解在水中的物质也会影响水的口感。如果含有对味道有利的成分，那么水的味道自然会好起来。

什么成分可以使水的味道变好呢?

首先是二氧化碳，它溶解在水中使水变得很柔和。部分溶解的二氧化碳会变成碳酸——一种很弱的酸。

雨水在下落过程中会溶解空气中的二氧化碳，所以水显弱酸性（如果酸性强了就成为酸雨）。雨水渗入地下成为井水或泉水。二氧化碳含量在1～30克/升的水，口感会比较好。

水中含有钙、镁等无机盐类矿物质成分。这些成分使水的口感变得柔和，但如果含量过高，水就有苦涩味，变得不好喝了。

2. 硬水与软水

显示钙和镁的含量的数值称为硬度，单位为毫克/升。计算公式如下：

硬度（毫克/升）=钙（毫克/升）×2.5+镁（毫克/升）×4.1

钙、镁的含量高的水被称为硬水，含量低的水被称为软水。分界线是100毫克/升，其上为硬水，其下为软水。

3. 世界上的自来水属于硬水的多

从世界各地水（自来水、河流、湖泊）的硬度图中可以看出，世界上的自来水大多是硬水。

日本的原水多是软水（石灰岩地带的水除外），含矿物质成分不多，没有什么异味。大多数日本人都感到软水好喝，而如果水的硬度大了，就会有异样的感觉。由于口味的不同，有的人也许会感到硬水好喝。

厚生省美味水研究会提出的“美味水的条件”里说，10～100毫克/升是理想的水的硬度。

4. 在境外旅行时最容易得的疾病是腹泻

经常听说，“像日本那样自来水可直接饮用的国家很少”。这样说的理由是，在发展中国家，水有受到细菌污染的可能；在发达国家，水又多属于硬水。

在境外旅行时，人们最容易患的疾病是腹泻。因病例之多，这种病被命名为“旅行者腹泻症”。据推测，腹泻主要是由饮食引起的，但环境的变换、疲劳和紧张也被认为是发病原因。

在发展中国家，也有人认为，“用自来水冻的冰块很危险”，“用自来水洗涤的杯子、蔬菜和瓜果也很危险”。这是因为原水虽然在净水厂经过了用氯杀菌的过程，但是在输送途中或在管道中自来水又受到污染，变成了含有引起腹泻病菌的不洁水。如果管道有了裂缝，自来水就会漏出去，外部的污水也会通过裂缝进入管道。

实际上，即使饮用随身携带的可信厂家生产的饮料水，旅行者也常会感染腹泻。他们回想自己的饮食，常会说到饮用过加冰块的威士忌等。

另外，即使在发达国家旅行，饮用硬度大的水也会引起腹泻。喝惯了软水的人，突然饮用含高浓度镁的硬水后，肠胃会受到过度刺激而引起腹泻。

镁离子若与溶解在水里的硫酸根离子相遇，可以形成作为导泻剂的硫酸镁。饮用了这样的水，就像饮用了极少量的导泻剂。当然，几乎没有饮用水中的镁离子含量可与导泻剂相匹敌。

仙台 神户 京都 大阪 东京 那霸

琵琶湖 信浓川 鸭川 利根川 宫水

长江 新德里 北京 约旦河

爱丁堡 赫尔辛基 斯德哥尔摩 阿姆斯特丹 哥本哈根

马德里 开罗 不加勒斯特 巴黎 伦敦 格林纳达 马略卡岛

索伦托 米兰 慕尼黑

尼斯湖 卢瓦河 日内瓦湖 莱茵河 泰晤士河

尼罗河 多瑙河 塞纳河

墨尔本 悉尼 尼罗河 檀香山 布里斯班

旧金山 洛杉矶 多伦多 圣路易 拉斯维加斯

纽约 休斯敦 华盛顿 芝加哥

哈德孙河 圣劳伦斯河 科罗拉多河

亚马孙河 密西西比河 密苏里河

10 20 50 100 200 500 1000（毫克/升）

世界各地水（自来水、河流、湖泊）的硬度（毫克/升）

（引自《化学与工业》1990年）

5. 旅行者腹泻症的病因不仅是水

病原菌和病毒可以引起赤痢等的水系感染症，如果不是此原因引起的腹泻，那么原因是什么呢？恐怕原因为时差引起的疲劳、紧张等身心的不适应。在日本国内贩卖的从欧洲进口的矿泉水中，含有比日本国内生产的矿泉水高出10～20倍的镁离子，但饮用后引起腹泻的事情几乎没听说过。

日本的自来水，硬度低的是20毫克/升，高的达160毫克/升；在欧美国家，硬度高达300毫克/升的自来水也有。因此，经常听到日本人不适应饮用欧美的硬水的说法。但在美国或欧洲的有些地方，也有硬度低的地区。在挪威和瑞士，把冰川水融化后作为原水，所以自来水的硬度比东京的自来水的硬度还低。

自来水不安全的地区，不能直接饮用自来水，可以饮用煮开的水或饮用可信品牌的瓶装水。水沸腾后，其中的病原菌可被杀死，而且，硬水的部分成分沉淀下来进而被除去，水的味道也会变好。

6. 用软水和硬水做饭，味道不一样吗？

“用软水或硬水沏茶或焖米饭味道会不一样”等话题在图书和网络上大量涌现出来，饮料水行业的经营者真是使出了浑身解数。那么，水的硬度真会引起料理味道很大的不同吗？

绿茶中含有鞣酸，它带有涩的基本味道。它可以与不同物质结合起来，从而很难溶于水中。因不溶于水中，喝时就不会有涩的感觉。

绿茶的风味分为稍带甜味和稍带涩味。当用含钙和镁较多的硬水泡茶时，鞣酸的涩味被抑制而使甜味变得明显。当用软水时，涩味就会更明显。甜味和涩味都是绿茶的风味，所以不管是哪种水都会使其中一种味道得到提升，各取所好，很难说哪种水泡茶好。

用硬水或软水焖米饭却没有什么差别，诸如“用硬水焖饭，硬水中的成分使米变硬，丧失柔和口感”的说法出现过，但是，硬水中的矿物质使淀粉失去柔软感的作用是不存在的。

还有一种说法是：“软水中矿物质少，对美味成分的溶解性很强，所以用海带和干鱼片制作美味调料时要用软水。”但是，硬度分别是0和200毫克/升的水，溶解性几乎没有区别。即使硬度为200毫克/升的水，溶解在其中的矿物质也是非常微量的。只是因为日本人原来就不习惯饮用高硬度的水，所以用它来做料理，口味不符是理所当然的。

自来水与矿泉水

第五章

一、矿泉水真的好喝吗?

1. 到底什么是矿泉水?

因“对饮用自来水有抵触”“为了健康”等各种理由而购买矿泉水的人越来越多。到了便利店，写着“××水”的商品拥挤着排列在货架上，销售得很好。

一般我们毫不留意地称之为“矿泉水”的水，究竟是一种什么水?

它一般指含有钙等矿物质成分的水，就像前面一章中说的那样。矿物质指钠、钙等溶解于水中的无机矿物质成分。

请先回答下面的问题后再继续读下去。

贩卖的矿泉水比自来水含有更多的矿物质成分。

对（　　）　　　错（　　）

2. 只要装入饮料瓶的水就成为矿泉水了吗?

对矿泉水清楚地给予定义是在1990年。当时的日本农林水产省①就矿泉水的分类给出了明确的规定。根据此规定，矿泉水有以下四种分类：

1）自然水：只经过沉淀、过滤、加热杀菌处理的水。

2）自然矿泉水：在自然水中，含有天然的矿物质成分的水（在地下滞留或移动中，无机盐类溶解进入水中而形成的水、碳酸水、矿泉水等）。

3）矿物质水：属于天然矿泉水，但它的矿物质成分是经过人为调整的，要经过几种原水混合、矿物质成分的调整、曝气、臭氧杀菌、紫外线杀菌等处理过程。

4）瓶装水：以上三种水以外的水，不限定处理方法但符合饮用水标准的水（瓶中所装的水，只要是可以饮用的就可以，比如自来水）。

根据以上分类，只要是可以饮用的水，装入瓶中，就可当作矿泉水贩卖。目前市场上贩卖的几乎所有称为“矿泉水”的水，都是矿物质成分在天然的状态下溶解在水里，此种水只经过沉淀、过滤、加热杀菌的处理。也就是说，井

---

①日本主管农业高产业、林业、水产业以及食品安全等事务的部门。——译者注

水就可以成为这种水，只要将它沉淀、过滤、加热杀菌处理就可以了。

自来水中的矿物质成分也是在天然的状态下溶解在水中的，所以矿泉水的成分与不含氯的自来水是相同的。甚至相当一部分日本的矿泉水，其矿物质的成分比东京和大阪自来水中的矿物质还少。因此，对前面提问的回答应该是“错”。不过从法国进口的大多数矿泉水，其矿物质成分较多，所以回答又应该是“对”。但是，不管是哪种水，饮用水能补给的矿物质成分只是一点，不管多高的硬度，与食物相比，其矿物质的含量也是非常少的。想靠矿泉水来补足体内所缺少的矿物质成分是很难的。多吃一口食物就可摄取比饮矿泉水多得多的矿物质。

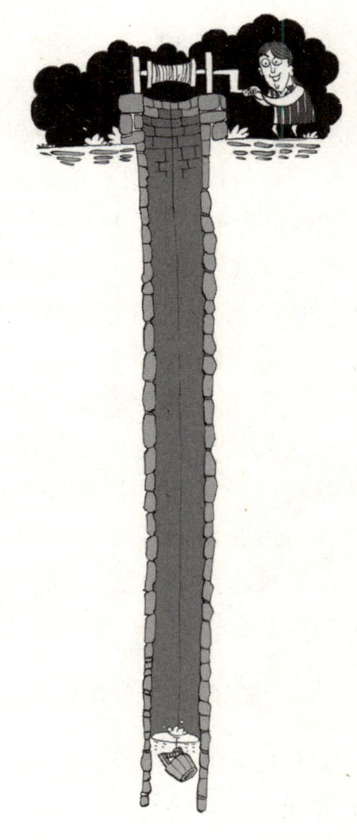

在食品卫生法中，矿泉水被视为“只含有水的清凉饮料水”，它不是因为“含有很多矿物质成分”而被命名为矿泉水的。便利店里卖的矿泉水，或许还是井水经过沉淀、过滤、加热杀菌等处理后装罐制成的。

例如，作为矿泉水代表之一的某知名品牌，其产品就是从山脚下居民区中100多米深的井里抽上水来，装进水箱运到工厂，然后在生产线上装入饮料瓶中做成的。即使是老品牌的矿泉水，无非也是从威士忌蒸馏所地下约70米深处抽上来的水而已。

矿泉水硬度举例

水的种类	硬度（毫克/升）
Evian（法国）	293
ハウス六甲のおいしい水①	84
Volvic（法国）	62
自来水（日本全国平均）	52
三得利天然水南アルプス②	30

①商标名称。六甲指日本六甲山系中的最高峰。—译者注

②商标名称。其中南アルプス指日本的赤石山脉。——译者注

3. 矿泉水和自来水的饮用对比验证

作为饮用水或是咖啡、红茶、某些酒的兑酒水等，对矿泉水的需求量在扩大。这是由人们对自来水安全性的担忧或自来水口感差等原因引起的（关于自来水的安全性在后面再陈述）。

那么，矿泉水真的好喝吗？

有人曾经做过这样的实验。把被认为好喝的市场上贩卖的矿泉水买来，与一般被认为不好喝的自来水同时放入冰箱，外表让人分不清到底是哪一种水，给几个人饮用。结果，大家认为好喝的水，反而是自来水。因为当知道“这是自来水”时，会得到“它不好喝”的心理暗示，也就容易得到“不好喝”的结果。

最重要的问题是，对自来水的安全性进行了以法律为依据的严格检查，而对矿泉水所进行的检查就不那么严格了，就是把井水或泉水包装起来而已。它们被各种各样化学物质污染的可能性很大。有名的进口产品中含有致癌物质苯的事件就曾发生过。好几个厂家所出厂的矿泉水中，也曾被检出含有致腐细菌等异物。

矿泉水在卫生法上被分类为“清凉饮料水”，与自来水比起来，对其要求的水质指标很少，标准值也是很暧昧的。

4. 矿泉水的水质标准很宽松

安井至（联合国大学副校长）在其所著的《环境与健康——误解、常识、非常识——有没有盲目相信》①中将自来水和矿泉水的水质标准作了比较。矿泉水与自来水具有相同的水质标准项目，这些项目一般为细菌、大肠杆菌、镉（Cd）、汞（Hg）、硒（Se）、6价铬（Cr^{6+}）、氰氢根（CN^-）、硝酸根（NO_3^-）等，还有氯仿等有机物以及农药类和其他种类。

只作为矿泉水的指标而自来水中没有的项目是钡（Ba）和硫化物。

矿泉水与自来水相比，水质标准不严格的有以下项目：

砷（0.05毫克/升）、氟（2毫克/升）、硼（≤5毫克/升）、锌（5毫克/升）、锰（2毫克/升）。

与以上项目对应，自来水的标准如下：

砷（0.01毫克/升）、氟（0.8毫克/升）、硼（1毫克/升）、锌（1毫克/升）、

---

①由日本丸善出版社于2002年出版。

锰（0.05毫克/升）。

比如，自然界中经常存在的砷，按照矿泉水的水质标准，其允许含量是在自来水中含量的5倍。不仅仅是这些，在矿泉水的生产过程中，其卫生标准也是依赖于生产者而由生产者掌控着的。过去曾发生过矿泉水中混有铁锈和塑料碎片的事件。

从品牌上说，像欧洲有名的矿泉水品牌那样，把水源周围保护起来，对水源进行严格卫生管理的也有，但这也是靠制造商自行管理的。现状就是这样。今后，也应该对矿泉水制定出像自来水那样严格的水质标准。

二、自来水是安全的还是危险的?

1. “自来水不好喝”是真的吗?

在日本，矿泉水的消费量急剧增加，笔者认为这是日本人的健康意识和对自来水安全性的担忧心理引起的。但很显然，这种担忧是没有根据的。那为什么还会认为饮用没烧开的自来水不好呢?

理由之一是“自来水不好喝”的暗示。确实，不干净的原水经过急速过滤后就成为自来水的时代存在过。但现在，自来水的净水法已改变了，特别是在水质不好的地区。在同样条件下，与矿泉水相比较，自来水是不是真的不好喝，这个比对谁都没做过。

另一个理由是，“自来水不好喝”会使人联想到自来水可能含有对健康有害的成分。但是，如前所述，对自来水的安全检查比对矿泉水的检查严格。自来水法规定了自来水的水质标准值。这些标准适用于所有自来水，只要是自来水就必须达到。现在，一般要检测包括细菌总数、大肠杆菌、氯仿等50个基准项目。

根据自来水法，日本自来水的水质处于严格的控制之下，安全性是非常高的。

2. 自来水中含有微量的氯仿

从水源开始到用户的水龙头，自来水在这样一个范围很广的过程中要经过各种水质检查，所以它的安全性是在严格掌控中的。

但是，尽管如此，担忧自来水安全性的声音还是很大。不安之一是与卤化甲烷有关的。卤化甲烷是甲烷（1个碳原子和4个氢原子组成的有机物）的4个氢原子中的3个被氯原子或溴原子等卤素原子置换后形成的有机物的总称。三卤甲烷的代表是三氯甲烷（氯仿）。它也作为吸入麻醉剂被使用，有致癌性。自来水中含有微量的氯仿。

净水厂的原水处理过程产生三卤甲烷。分解原水中的污浊需要用氯气（Cl_2）来处理，这个时候，水中的污物和有机物等就可能与氯反应生成三卤甲烷。

三卤甲烷的量，随着“原水中的有机物量多”、“氯气的注入量多”、“水温高”等条件而增加。也就是说，在原水水质非常不好的情况下，处理需要的氯气量就要增加，因而三卤甲烷的量也会增加。若原水水质干净，三卤甲烷等有害物质就不会产生。减少三卤甲烷产生的根本方法就是让作为原水的河流和地下水的水质变得清洁。

在水质标准中，要求三卤甲烷总量在0.1毫克/升的浓度以下。因为自来水中三卤甲烷的含量在水质标准的1/3以下，所以它的安全性是无须担心的。与矿泉水等其他水比较，自来水是在严格的水质标准控制下供给的水。由于对三卤甲烷的过度担心而引起的精神紧张反而对健康不利。

自来水不好喝的情况，会发生在净水厂自来水原水水质不好的地域。如果非常在意饮用水，那么就将水加热沸腾5分钟，这个对策就足矣。

3. 急速过滤方式与缓速过滤方式

自来水的原水主要来自河川、水库和湖泊（地表水）以及地下径流、井水（地下水）。其中地表水约占70%，从水库取水的比例渐渐在增长。

作为自来水，最重要的条件是供应不加热就可以安心饮用的无菌水。水质好的泉水和地下水丰富的地域，这里的水不加处理就可以作为自来水饮用。依据《水道法》①规定，各个家庭的水龙头出来的自来水中一定要有一定量的氯残留以达到消毒杀菌的目的。需要自原水中注入少量的氯气，消除霉臭成分，使其成为好喝的自来水。

但是，用河川下游的水作为原水的大城市，必须把水送到净水厂经过净化处理后才可作为自来水让人饮用。

净水厂的水处理方法主要分为急速过滤方式与缓速过滤方式。“急速”指过滤速度快；“缓速”指过滤速度慢。

---

①日本针对给水工程、管理等事项制定的法律。

急速过滤方式主要借助氯气或其他化学药品来处理原水，而缓速过滤方式是借助微生物来处理。急速过滤方式速度快得多，净水厂只需要不大的面积就够了，操作人员也不需要太多，所以大部分是采用这种方式处理原水。现在高楼鳞次栉比的新宿西口附近在作为新宿副都心①开发之前，曾经是宽阔的淀桥净水厂的所在地，这个净水厂就是采用缓速过滤方式处理自来水原水的。

如果原水不是很污浊，那么不管用急速过滤方式还是缓速过滤方式，都可以净化出好喝的自来水。但是，如果原水水质不好，应用缓速过滤方式得到的自来水就会好喝一点。也就是说，原水水质清洁，得到的自来水很好喝；如果原水水质不够好，处理方式的不同就决定着自来水口感的好坏。

4. 高度净水处理方法的引进使自来水水质得到良好改善

在原水不清洁的地域，为了得到好喝的自来水，减少自来水中的三卤甲烷含量，进一步提高处理水平，一部分已采用急速过滤方式的净水厂，还会采用臭氧和生物活性炭法等高度净水处理技术。因为要分解掉原水中的氨等，所以不用氯气而采用臭氧处理的方式。在东京地区用绫濑川的水作为原水的金町净水厂和在大阪地区用淀川的水作为原水的净水厂，就引进了这种方式。在借助引进高度净水处理法消除霉锈的同时，三氯甲烷也被抑制了1/3。

问题是与一般净水处理相比，高度净水处理法的运行费要高得多。这就需要靠水费来填补这部分费用。试算结果表明，1米^{3}水大约要增加10日元的费用，一个月使用20米^{3}水的家庭要增加200日元的支出。

为了得到更好的自来水，这种程度的经费支出或许也是一个可以接受的不错选择。

5. 既安全又好喝的饮水方法

在日常生活中，稍微动一动脑筋，就可以饮用安全、美味的自来水。让我们想想：用什么方法呢？

如果水中有一点霉锈味该怎么办？在这种情况下，可以打开盖加热让水沸腾10分钟，这样可以使产生霉锈味的

①新宿副都心：东京是从皇宫、东京车站、丸之内、霞关、银座一带开始发展起来的，中心地区密布着政府机关、全国性的经济管理机构和商业服务设施。为了防止东京都内部布局过分集中，结合周边地区的发展需要，1958年下半年，日本城市规划工作者提出建设副都心的设想，拟议将新宿、涩谷、池袋三个地方建设为副都心。——译者注

物质挥发掉。这种沸腾法对于除去三氯甲烷也是有效的。当加热到高温时，三氯甲烷开始有增加的趋势，但持续沸腾10～20分钟，三氯甲烷几乎可以完全挥发。把水冷却后再饮用，就会既安全又好喝，口味与矿泉水没什么两样。

6. 早晨水管中最初的自来水不要作为饮用水

早晨水管中最初的自来水最好不要作为饮用水，可用水桶存起来作为他用。

旧的自来水管道是采用老式的铅管，有时铅会从管壁上被溶解下来。铅在体内蓄积后会引起贫血、消化道障碍、神经障碍和肾功能障碍。日本全国1/5家庭算起来有850万户，他们用的自来水管道仍是原来的铅管而没有用其他材质的管道替换。因为把铅管替换掉，费用是较高的，因此替换工作的进展非常缓慢。如果想知道详情，可以向自来水管理局询问。

住在综合住宅楼的居民，时常注意到自来水中伴随有很多气体，感到疑惑不解和苦恼。这是由住宅楼的水槽或是连接着水槽和每家水龙头的自来水管道的铁锈造成的。

自来水在管道中滞留的时间越长，水中就有越多的铅。所以，如果对铅有顾虑，避免饮用早晨水管中最初的自来水就可以起到防止过多摄入铅的作用。可转动水龙头开大水量放出水来，接下一杯水，之后的水用来做饭或饮用。外出旅行长时间不用家里的自来水，回家后可稍微多接一些水，大约两杯的量，之后流出的水再用来饮用，而接下的水可以用来洗抹布。

三、净水器的妙用

1. 日本近30%的家庭使用净水器

由于自来水的铁锈味或霉锈味，净水器的普及率一年比一年高，净水器制造商组成的净水器协会2005年7月的调查结果表明，净水器的使用率是29.1%，也就是说，近30%的家庭在用净水器。

从安装净水器的理由来看，想喝美味的自来水（45.1%）的理由占的比例最大，第二位以后的顺序是：对自来水感到不放心（40.6%）、想喝安全的水（38.19%）、对身体健康有益（33.2%）等。安全、健康方面的需求是很突出的。特别是把综合住宅楼居民“对自来水有些不放心”的回答包括在内后，全体被调查的人近80%对自家的自来水感到不放心。

2. 用活性炭和微米孔过滤器进一步净化水

各个厂家生产的净水器，其基本构造大致一样，都是由活性炭与微米孔过滤器（中空丝膜）组合而成的（见“净水器的构造”图）。自来水经过活性炭与过滤器的吸附、过滤，水中残留的氯、铁锈、霉臭味就可以被去除。

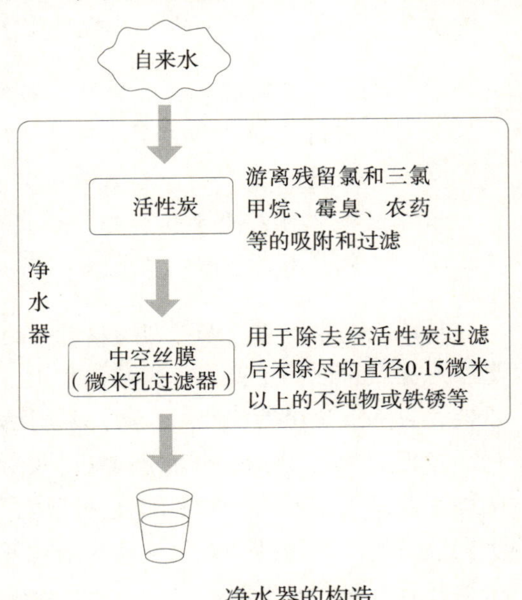

净水器的构造

净水器有装在水龙头上的，也有装在填满过滤材料的水箱处的。如果只装有活性炭的话，它可以除去氯，但是杀菌力会丧失，造成细菌的繁殖。用自来水，一般在厨房或厨房准备间等处，那里存在许多可供细菌食用的有机物，有些就可能溅入净水器内。这样，净水器就成为了细菌繁殖的场所，可能会变成“细菌制造器”。所以，在净水器中加入微米孔过滤器，已成为净水器构造的主流。

木炭单位质量的表面积（比表面积）特别大，本身具有可以吸附各种物质的性质。在木炭的制造过程中再进行特殊的处理（活化处理），将它的吸附性能进行强化后取名为活性炭。可以作为活性炭原料的有木头、椰子壳和煤炭等。

由于具有非常多的细小空孔，1千克活性炭具有800～1200米^{2}的巨大表面积，因此，它的吸附性能是超群的。就是因为它有这个特性，从很早以前就被用作脱色剂和脱臭剂。它密集的空孔可以把色素分子、产生臭味的分子和有害物质分子吸附进去，达到从水中除去它们的目的。

微米孔过滤器中的纤维状物名为中空丝，它是用尼龙等材料做成的中空丝管，具有非常细小的空孔，可以过滤非常细小的物质。几百根这样的中空丝束在一起被填塞到净水器中使用。

但如果是简单的中空细丝，水中的细小杂物或细菌是不能被除去的。实际上，把这里的中空丝管部分放大来观察，它的管壁上有无数卷曲在一起的极细小的孔，孔的平均直径是细菌大小的数分之一，水分子的大小是它的1‰左右。水可以很容易地通过这些孔，杂质和细菌却被拦住而与水分离。

3. 选择什么类型的净水器？

关于净水器，国民生活中心的测试有如下结果：

> 水龙头直接配装的小型净水器和具有一定体积的大型净水器，都可以很好地去除残留氯；除去产生霉臭的物质、味道和气味测试的结果是，大型的净水器效果好，而水龙头直接配装的小型净水器效果不佳；除去铁和铅，使用中空丝膜的净水器效果好；除去作为水的杂质指标的有机物，具一定体积的大型净水器效果好。

从以上结果来看，如果对霉臭和味道很介意的话，水龙头直接配装的小型净水器就可以满足要求。去除铁和铅，可采用中空丝膜作为过滤材料的净水器；去除三氯甲烷和残留农药，采用活性炭的净水器效果好。

考虑到费用和装配的难易程度以及所需自来水的水质要求，选择什么样的净水器是很重要的。大型的具一定体积的净水器每台价格达几万日元，从美国进口的净水器甚至有每台高达十几万日元的。在美国，广泛被使用的是价格几万日元的净水器。剩下的就是考虑安装起来是否简便的问题了。

也有厂家强调其净水器具有增加碱性负离子或矿物质成分等特殊功能，这只是在活性炭和中空丝膜以外使净水器高额化的手段罢了。自来水通过净水器后矿物质成分不会增加，厂家虽然强调此种功能，但公众最好还是不要购买。

4. 定期清理不可缺

通过净水器的水是可以作为饮用水的。但是，不要认为经过了净水器的水就是安全的。在使用过程中，净水器吸附水中物质的效果会渐渐变弱，最后可能丧失吸附作用。若使用不当，可能使水质低于一般的自来水。因此，定期替换装有活性炭的盒子是很必要的。有些净水器不是替换型的，可定期用温水逆流进行清洗。

细菌逃离中空丝膜，在出水口附近浓度增高的情况也会出现。几天不用净水器后，细菌还会快速增长，特别是在夏天尤其需要注意。遇到这种情况，让水流1～2分钟后再使用会比较安全。

结语

一、为什么要学习科学?

笔者的专业是理科教育、环境教育及科学启蒙（市民科学素养的育成）。早年在工业高等学校学习工业化学，参加了大学和研究生院的物理化学的学习，化学作为自己的专业一路学习而来。在研究生院学习后，作为中学教师教授理科和高中化学，同时进行着如何向孩子们和市民传授科学的研究。在工作调换到大学以后仍是如此。

到底人们为什么需要学习科学知识？笔者认为：

第一，科学本身是非常有趣的。

当我们撩开神秘自然的面纱，进入未知世界，把它变成我们可以驾驭的世界后，前面又有未知的世界浮现出来——这是非常有趣的事情。

孩子们具有探索未知世界的行动力（本来成人也一样），所以孩子们本该是热爱自然、喜欢学习科学知识的，因为这里面充满了不可思议的现象，并且人类拥有使这些不可思议得到解释的知识体系。

第二，可形成行动判断的基础。

事实上，在有关生死水平上的行动判断，如果缺乏科学知识就无法进行。在日常生活中，这类判断几乎没有进行的必要。但是，即使不马上直接涉及生死，公害、环境破坏等在人们不知不觉中慢慢演化成环境问题或战争的可能性也是存在的。而且，当今社会，充斥着害人的谎言，我们不应该被这些谎言所蒙骗。

有些谎言一望而之，无须逐一用心地辨别，但是，当越来越多“披着科学外衣”的谎言到处蔓延时，具有不被伪科学蒙蔽和欺骗的能力就至关重要了。

被欺骗会失去时间和金钱，但有时不仅是这些，可能会危及自己和家人的健康甚至生命。而且，由于自己传播了伪科学，自己也成了他人的加害者。

即使在学校学习，如不注意对知识从多角度思考和理解，而是简单地接受，然后带到校外，这样周而复始下去也是不行的。这种方法得到的知识只是表面的、肤浅的。只要考完试，所学的知识就成了不需要的东西，很快就被遗忘了。

所以，笔者正在进行理科教育研究，强调科学知识生动有趣，而且将会成为行动判断的基础，推行学习并掌握真正的知识。

二、检定外教科书①的推进

理科所要学习的内容，是从真正的自然科学中挑选出来的知识。判断是不是“真正的”科学知识的基准是：这些知识是否能够对丰富多彩的自然界进行科学全面的认知和描述。

笔者认为，依据自然科学已经阐明的自然界的全貌是这样的：

由于本质的差异，自然界以不同阶层（水平）的形式存在着。各个阶层由各自固有的规律支配着，小到基本粒子，大到星云，永不停歇地生成、消亡，相互关联、依存，统一构成自然界。自然界中所有的存在都有它形成、发展和消亡的历史。

例如，现在笔者正在用桌子上的计算机写着这篇文章，桌子、椅子、桌布、书和水杯等，是我们眼可以看到、手可以摸到的宏观层次上的事物。而这些又是由原子构成的，这些原子是在微观层次上的。

这里，首先调动五官感知，接触宏观的物体或生物时，不可缺少的非常重要的是事实、概念和法则。比如，认知物体时，对它的质量（重量）、体积等基本属性的认知是非常重要的。

这些宏观物体存在的根据是对原子、分子等微观层次的认识。

不只局限在生物界，自然界中的万物都是进化产生的。进化这个事实很重要，需要将它和与贯穿所有层次的能量守恒定律有关的物质及能量一同考虑。

将自然万物的基本概念、内在结构、发展规律、衍变历史和作为其基础的原子论、进化论、能量论相互统一起来，对事实、概念、法则进行严格筛选并体系化，凝练成具有高度适用性的理论体系。以此为基础，探究具体事物，掌握事物本质，更加科学、全面、准确地认识丰富多彩的自然，这才是

①检定外教科书：不用经过日本文部科学大臣审查（教课图书审查）的、由民间组织出版发行的教学用书。一般超出文部科学省公布的“学习指导要领”的教学用书都是检定外教科书。它的出版是因为它不用经过文部省的教科书审查，可以提供内容更加充实的儿童或学生教育用书。在日本，高水平中学（几乎所有私立中学或公立的初高中一贯制的中学）一般以检定外教科书为中心进行教学。——译者注

真正的理科学习。

基于这样的思考，笔者与许多同仁一起编写了初中阶段的《新科学教科书》[①]、高中阶段的《新高中理科教科书》[②]等。就理科上述内容的学习，提出了具体的建议。

既有趣又可作为行动判断基础的真正的知识，以检定外教科书的形式整理了出来。很多读者可以买到这类科学书籍，今后，充满这样真正的知识的书还会陆续出版。

三、反伪科学论坛的活动

举办反伪科学论坛，是“市民科学素养研究”项目的活动之一。

承蒙菊池诚（大阪大学）、小波秀雄（京都女子大学）、田崎晴明（学习院大学）的协助，菊池和小波还是筹划者，我们在京都和东京举办了反伪科学论坛。

论坛在剖析伪科学具体实例的同时，就一系列问题展开了讨论。如：伪科学为什么如此猖獗横行？如何对待伪科学？为了不被伪科学欺骗，应如何培养辨别能力和素养？这样的问题引发我们哪些思考？

虽然对论坛参加者提出事先预约，明确注明姓名、单位等苛刻的条件，但前来参加的人数仍超出预期，与会者还进行了活跃、积极的讨论。

在《读卖新闻夕刊》（2006-10-02）上，登载了对反伪科学论坛的相关报道，题目是“防止伪科学横行 ‘负离子’对身体有影响？”现将内容节选如下：

水能对“混蛋”作出反应吗？

“语言的含义对水产生影响”的话题在日本物理学会年会上没有被认可，但是却颇受一些学校教员的好评，在道德课上被引为例子。认为由于人体中含有很多水，所以“混蛋”等脏话说出口时，会对身体产生影响……这样的故事正在发生。

同志社女子大学的左卷健男教授（理科教育）怀着“伪科学涌

---

①由日本文一综合出版社出版，不同学年各3卷，每学科分2卷。

②由日本讲谈社Groupparks出版社出版，共4卷。

进学校正在毒害孩子们”的危机感，于2006年8月和9月分别在京都和东京组织举办了反伪科学论坛。他曾在中学当过教师，著有《新科学教科书》丛书等。

不限于水，将识别伪科学的能力在全社会推广开来，阻止伪科学的横行，是本次论坛的目的。2006年8月26日京都论坛有110人参加，9月2日东京论坛有160人参加。

在会上，大阪大学菊池诚教授（物理学）说：“非生物的水可以对人类的语言产生反应的话题，是令在座各位忍俊不禁的笑话，却被一些人认为是科学事实而接受。这到底是为什么？其原因是非常值得我们思考的。”

京都女子大学小波秀雄教授（化学）对数年前开始流行的“负离子”的效能给予了否定。她说：“对大气中的负离子可以给出定义并承认它的存在。从浓度来讲，其对人体可以产生某种影响是不可能的事情。”

左卷教授说：“今后还要举办论坛。为共建不被伪科学欺骗的社会，我们应该如何去做？就此问题我们希望展开严肃的讨论。”

在这本《水不知道答案》中，笔者从专业理科教育、科学素养养成的观点出发，对伪科学的代表们进行的“波动”系商业活动进行了论证。

改变那些相信伪科学的人的观点，我想会很难。对于那些现在还对伪科学抱着将信将疑态度的人，本书如能作为他们判断的参考就再好不过了。另外，关于水，还存在各种各样的误解，为此，一些非常有用的基础知识，也被纳入本书中。本书是在与笔者过去有过工作交往的千叶正幸的编辑修改下出版的。目前，作为典型的商业营销手段而出版的书使伪科学蔓延，所以，今后，希望不断出版纠正伪科学、传授正确知识的书。就此搁笔。

左卷健男

2007年1月24日